U0234811

窗饰设计

窗饰设计

（美）杰姬·冯·托贝尔　著

（ Jackie Von Tobel ）

宋斯扬　译

辽宁科学技术出版社

沈 阳

© 2017，简体中文版权归辽宁科学技术出版社所有。

本书由Gibbs Smith, Publisher授权辽宁科学技术出版社在中国出版中文简体字版本。著作权合同登记号：第06-2014-53号。

图书在版编目（CIP）数据

窗饰设计 /（美）杰姬·冯·托贝尔（Jackie Von Tobel）著；宋斯扬译. —沈阳：辽宁科学技术出版社，2017.9

ISBN 978-7-5591-0281-2

Ⅰ. ①窗…　Ⅱ. ①杰…　②宋…　Ⅲ. ①窗—建筑装饰　Ⅳ. ①TU228

中国版本图书馆CIP数据核字（2017）第130736号

出版发行：辽宁科学技术出版社
　　　　　（地址：沈阳市和平区十一纬路25号　邮编：110003）
印 刷 者：辽宁新华印务有限公司
经 销 者：各地新华书店
幅面尺寸：185mm×260mm
印　　张：33
插　　页：4
字　　数：450千字
出版时间：2017年9月第1版
印刷时间：2017年9月第1次印刷
责任编辑：闻　通
封面设计：周　周
版式设计：郭晓静
责任校对：李淑敏

书　　号：ISBN 978-7-5591-0281-2
定　　价：398.00元

联系电话：024-23284740
邮购热线：024-23284502
E-mail：605807453@qq.com
http：//www.lnkj.com.cn

目 录
Contents

致 谢

我对织物的热爱，以及对所有可以用来制成织物的美丽事物的热爱源于我小的时候。孩童时，我和姐姐朱莉花了数不尽的时间来缝制布娃娃的衣服，并制作带有小窗帘和床套的布娃娃的房子。现在，每当收到一本新的织物书或饰边的包裹时，我仍然能够感受到那份不变的热情。我打开每一个新盒子就好像它是一个期盼已久的生日礼物，然后急切并快速地翻阅着这些小块布样，想象着它们呈现出的所有奇妙的可能性。

一段漫长且时而崎岖的道路指引着我写下了这本书。一路走来，我想要感谢我生命中那些很重要的人。

感谢一直以来支持并激发我灵感的丈夫阿尼，他从来没有质疑过我写这本书的能力或渴望，并且他还在我花了近乎数千个小时绘制窗帘图例时吃了许多外卖晚餐。

致我美丽的女儿安杰·莉卡，她花了很多时间复制页面并整理装订，没有她我便无法完成这本书。感谢我的儿子JT和杰洛帝，他们总是陪伴在我的左右并提供援助之手。

我要感谢我的好姐妹朱莉、薇琪、特鲁迪和瓦莱瑞，感谢她们一直以来对本书的支持和鼓励以及在我生命中付出的所有其他努力。

感谢激发我灵感的绘图老师阿尔·福斯特，在设计学校，他教授我最重要的课程。

我要对那些毫无保留地分享了他们的知识及专业技能的许多设计界专业人士表达我的感激和钦佩之情，尤其要感谢德布·巴雷特和琼·威利斯。

致达内特、梅卡和杰奎琳，感谢你们一如既往地陪伴着我。

最后，感谢苏珊娜和玛琪，以及出版社出色的工作人员，是你们让我有一种宾至如归的感觉。在我创作的初始期，首次拜访你们可爱的仓库时起，我就知道我已经做了正确的选择。

引 言

作为一名室内设计师我已经工作近20年了，时至今日，我依然喜欢窗饰设计。

多年来，和许多设计师一样，为了创意与灵感，我进行着永不停息的搜索。我参加过许多世界各地的展会和研讨会，并急切地从我得到的每一本杂志和每一本书中搜寻任何独特的、新的并且与众不同的事物。这本书是那些搜寻资料的结晶。从基本的设计原则到复杂精细的多层次设计，这本书包含了我所收集的最完整的窗饰设计指南。

本书是设计师、工作室的专业人员，以及业主自己亲自参与设计的必备资源。简明而直指要点的清单、定义，以及对设计的基本原则和部件的描述为窗饰设计提供了内容广泛的训练。

本书中超过1500个单个部件和书中用插图来说明的全部设计旨在提供激发读者创造力所需要的指引和灵感，也使你的设计界限能够得以延伸。对于行业而言，本书是一个必不可少的工具，任何设计师或工作室都需要准备一本。

由美国窗饰协会（WCAA）所制订的标准化定义的行业术语将帮助您在行业内进行有效的沟通。

这本书中几乎每一张彩色插图的黑白线稿都收录在本书附上的光盘中。你可以把它们复制到计算机中，或者打印出来后根据自己的方案有针对性地替换颜色。

尽管我已经尽了最大的努力来收录我能够找到的所有可靠的信息，以及当前可选择的设计方案，但肯定还会有遗漏。如果你愿意提供自己的原创设计图片；如果你有一些评价，或者建议有些信息应该收录；或者如果你愿意提交一张图片、一张设计独特的草图，或是对本书有新的想法，请与我交流！

杰姬·冯·托贝尔

窗饰是由许多零部件组成的，当经过恰当的搭配后，便会形成一幅漂亮的窗饰图。

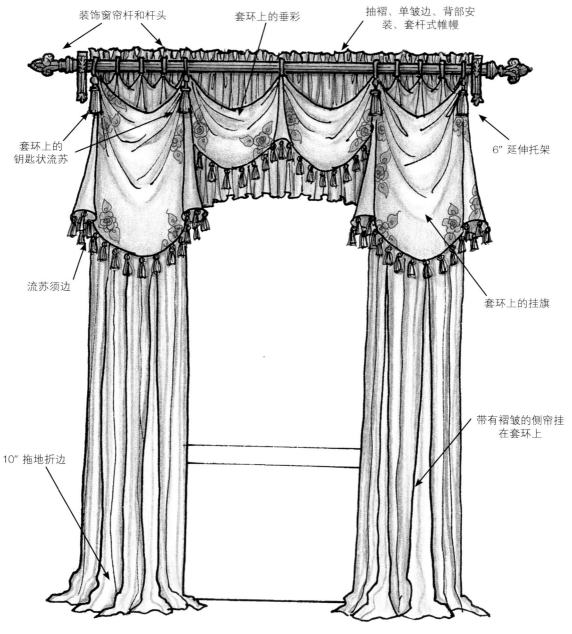

装饰窗帘杆和杆头

套环上的垂彩

抽褶、单皱边、背部安装、套杆式帷幔

套环上的钥匙状流苏

6″延伸托架

流苏须边

套环上的挂旗

10″拖地折边

带有褶皱的侧帘挂在套环上

（注：1′1″=1英尺1英寸，1英尺=12英寸=0.3048米）

使用说明

设计一个精美的而又能够符合项目规格的窗饰方案完全在于设计之前的正确选择。

很多时候，设计方案不理想是由于设计者专业知识或阅历的匮乏。本书将数千个当前的窗饰设计分成350多个单个部件。这些部件既可以单独使用，也可以彼此相组合从而扩大可选择性并创作出能够展示创造力的独特设计。

书中的每一个章节将帮助你做出选择，这些选择对设计的成功至关重要。

设计：利用在第一部分中概括出来的基本原则和计算方法，测量窗户、分析面积，并计算出基本的比例、布局以及设计的结构。

布料：选择纤维、编织式样、图案、手感以及布料的颜色。

窗帘头：如果要设计窗帘、一条帷幔或是一条遮阳帘，可以标记出窗帘头风格以及它的变化形式。

式样：从本书中选择一个已经完成的案例，或者利用单个部件之间的组合来创作一个新的外观。

修饰：运用画龙点睛的一笔，它能够使设计更具个性化。

零部件：为你的窗饰设计案例选择适合的零部件种类及式样或安装工艺。

工作室：同工作室里的人有效并准确地交流你的设计方案，并确保你的设计方案得以正确实施。

设计的基本原则

窗饰设计的基本原则

当进行窗饰设计时，要始终坚持基本的设计原则。通过将这些设计原则与实际的产品结合在一起，才能创作出令人满意的设计作品。

设计的基本原则分为五类。

特点与功能：软装饰中的特征与功能是一种有益的属性，它们可以通过被运用到窗饰中而得以实现。

原理：为每扇窗户所选择的设计方案应该以一种恰当的、吸引人的方式来满足窗户在功能上的需求。设计原理用于评估窗户的功能与审美需求，以及窗饰成品。

元素：设计元素是一套实际工具或原材料。利用这些元素，设计原理可以得以应用。

经验法则：经验法则是一套工具。这套工具能够帮助你准确地计算出比例。

规格：软装饰的规格是一个规定和准则的清单。在装配窗饰时，这些规定和准则应当运用到其中，以保证施工的质量。

窗饰的特点与功能

设计

· 创造一种式样感和视觉关注
· 添加柔和感与暖色效果
· 补充建筑的风格、线条，以及房间的大小
· 确立、延续，或强化一种装饰主题
· 形成一个焦点
· 突出优美的景色或某个特制的窗户
· 使焦点集中到建筑的细节上

功能

· 调节光线
· 私密性
· 控制外部噪声
· 降低室内噪声
· 减弱强光

掩饰

· 遮挡建筑上的瑕疵
· 模糊不理想的风景
· 软化实体线路

错觉

· 在不同尺寸和式样的窗户之间创造均衡感
· 使矮窗户产生增加了额外高度的错觉
· 巧妙地处理窗户的外观尺寸
· 平衡房间的比例

能源效率

· 将窗户与室外温度隔离
· 帮助保持室内温度

窗饰设计的原理

为每扇窗户所选择的设计应该以一种恰当的、吸引人的方式来满足窗户在功能上的需求。设计原理用于评估窗户的功能与审美需求，以及窗饰成品。

比例：在比较尺寸和外形时，比例是指单独部分与整体窗饰的关系。比例必须经过巧妙处理，以便在所有使用的部件和装饰的整体尺寸及大小中营造一种和谐的平衡感。

大小：大小是指一个元素的相对尺寸，它可以指整个窗饰的大小，或者布料上的图案大小。必须要考虑各房间内所使用的窗饰之间的大小关系。还要考虑用在装饰方案上的不同布料之间的图案大小，以便在装饰方案与图案大小之间营造出一种和谐的平衡感。

平衡感：在窗饰所使用的设计部件中，平衡感是一种对等、稳定或均衡的状态。平衡感有三种类型：
- 对称式：两侧相同或相似。
- 非对称式：两侧略有不同，但仍通过两侧的主要元素和均衡来保持着平衡。
- 放射式：部件以轮辐或同心圆状从中心点向外扩散，例如折扇窗。

韵律感：在设计主题中韵律感连接着各个元素，利用韵律感创造出平衡与和谐感。韵律感有三种类型：
- 过渡：利用饰边、色彩或线条等元素来创造视觉动感。
- 渐变：利用造型来减小和增加尺寸或色彩，并且加深或提亮具体某个顺序从而产生视觉动感。
- 重复：反复使用一种颜色、纹理或元素。

强调：强调是通过使用色彩、图案或元素，在窗饰中创造一个焦点。

和谐：和谐由统一性与多样性构成。在窗饰中，通过使用设计元素在所有的部件中产生统一感。同时，在那些部件中，设计元素也必须被赋予足够的多样性，以便营造出一种使人愉快的平衡感或和谐感。

窗饰设计的元素

设计元素是一套实际工具或原材料。利用这些元素，设计原理可以得以应用。

面积： 面积对设计的功能及装饰范围设定了限制。利用图案、颜色、线条，以及不透明性来对窗饰的视觉解读进行处理。

光线： 光线能够使视觉产生交替，并通过所选择的布料、颜色，以及质地来巧妙地处理窗边光线的强度。

线条： 线条用来产生动感，扩大或缩小面积，并确定气氛。

颜色： 利用所选择的颜色来巧妙地处理窗饰中的视觉冲击力。

质地： 所使用的元素，其光滑或粗糙的表面会影响窗饰的视觉解读。光滑且有光泽的表面显得更正式而精致，而粗糙的表面可以传递一种随意、舒适的感觉。

图案与点缀装饰： 包含或者去掉某个图案和装饰品可以为窗饰增加或减少戏剧效果、兴奋感或视觉关注。

形式与形状： 可以通过改动或调整窗饰的整体形式与造型来创造出平衡感，从而形成和谐感。

经验法则

尽管优秀的设计要求我们跳出常规的思维方式，但还是有一些经验法则可以借鉴，用以计算出恰当的比例，并以此作为一个出发点。

二等分法：相等且垂直的两部分不能使目光产生舒适感。永远不要通过把任何元素都设计成刚好是装饰距离的一半，来把窗户分割成相等的两部分。

三等分法：当人眼看到物体以三个为一组或三的倍数为一组组合在一起时，这时在视觉上感觉最舒服。在设计中，采用三个元素可以使其中之一作为一种主张，第二个用来作为对比，而第三个作为补充。在窗饰中，此规则可以用来决定其要使用的单个元素的位置和数量。

五等分法和六等分法：当计算一个窗饰的尺度时，五和六的比值在视觉上感觉最舒服。通过精准地使用这些比值，可以为装饰长度计算出一个良好的开端。

例如：
一个全长为96″的装饰，安装在天花板上，想要计算出适合帷幔的长度。
装饰的成品长度 = 96″
96″ ÷ 5 = 19$\frac{1}{4}$″
96″ ÷ 6 = 16″

根据这个经验法则，帷幔的全长应该在16″～19″之间，从而确保恰当的帷幔比例。这个测量范围也同样适用于确定折边或尾饰的长短点位。

利用这个法则测量垂彩和瀑布状花边：
垂彩的下垂部分 =装饰总长的1/5
瀑布状花边 =装饰总长的3/5

软装饰的规格

布料：

- 无须节省布料！最好使用不那么贵的布料并根据符合的深度来组装你的窗饰，而不是为了一匹较贵的布料而牺牲装饰体积。
- 使布料的重复图案相匹配并标记出图案的位置，以便更好地与窗饰和房间形成互补。
- 在多层次装饰中，始终要使重复的图案相匹配。
- 在组装之前，先标记出布料的图案位置。
- 像天鹅绒这样有质地的布料，要明确其绒毛的方向，因为它会影响成品装饰的颜色。确保所有布料上的绒毛朝向相同。
- 利用窗帘或细绳的重量来调节窗帘片的悬挂方式。这也同样适用于顶部装饰、垂彩、瀑布状花边、褶裥饰带及尾饰。

组装：

- 所有缝口应该用包缝针法来缝上锁边。如果采用熨平的未封的缝口，应该把布边包缝完整以防止散纱。
- 如果可能，想办法把缝口藏在褶裥背面。
- 始终使图案恰好在缝口处相匹配。
- 避免使用明线缝法，除非这是设计中不可缺少的一部分。明线缝法使装饰看起来不够专业，也妨碍了布料的悬挂方式。
- 所使用的线的颜色要同装饰中采用的布料相匹配。如有必要，可以采用几种不同颜色的线。明显的单丝线只应作为第二选择。
- 所有包角应该按照45° 角来斜拼接，并手工缝制。
- 折边要用暗线来缝。
- 底部折边至少要有4″～6″长且双倍折叠。如果布料缩水，较宽的折边可以用于调整。
- 侧面折边的宽度应该在1″～3″之间，并且双倍折叠。
- 饰边要用明线从头到尾只缝在布料正面，不要缝在衬里上。

折边：

- 把遮阳窗帘的滚绳塞进拖地窗帘底部折边的缝套里。这样可以系紧折边并调节拖地处，以便使它们总是朝向一个方向下垂。
- 增加底部和领边折边的宽度，或是用同一种布料来做扎起来的窗帘的衬里，这样衬里就不会露在外面。
- 索要蒸熨过的而非熨烫的边缘。柔软的边缘通常比硬的、卷曲的折边优良。
- 在拖地窗帘折边的所有多余部分上使用同一种衬里，这样白色的衬里就不会露在外面。
- 往折边的拖地部分喷洒布料保护剂有助于保持这部分的清洁。
- 如有必要，使侧面的折边靠近墙面以避免光隙，并且防止窗帘被风吹起。

褶裥：

- 不要依赖褶裥的所谓标准尺寸和间隔。要规划褶裥的尺寸、位置和间隔以便更好地补充装饰。
- 杯状褶裥的窗帘头要采用同一种或对比的布料作为衬里，这样白色的衬里就不会在敞口的杯形里显露出来。在剪裁处或无衬里的窗帘上可以采用法式缝法，以便达到完美的成品高级时装的效果。
- 必要时，在敞开的褶裥或号角造型中塞入填充物有助于保持它们的形状。

衬里：

- 始终要给装饰加上衬里，除非装饰旨在用来作为透明薄纱，或者设计明确要求不用衬里。
- 在选定"标准的"衬里之前要先认真思考一下。找一找身边存有哪几种衬里并索要样本作为保留。
- 始终要检测所选择的衬里在布料表面上的效果。拿着布料和衬里对准光源并检查一下颜色或质地的变化。
- 为了避免遮光窗帘的侧边渗出光线，可以在窗帘的总体宽度上增加几厘米，或者在翻边处添加一个1″的托架并把加劲杆插到里面。把多余的几厘米向内侧折叠并直接贴到墙上。

标准的窗帘尺寸

窗帘杆表面宽度 = 窗户宽度 + 侧面延伸宽度

窗帘杆表面与整面玻璃的间隙= 窗户宽度 + 1.5″

翻边（从窗帘杆表面到窗帘托架之间的墙面保护距离）= 延伸托架 + 1/2″

重叠 = 7″ 每对 ～ $3^{1}/_{2}$″ 每片

窗帘幅 = 窗帘杆表面宽度的1/3

整面玻璃间隔的窗帘幅 = 窗帘杆表面 × 1.5

最小成品长度 = 从窗户顶部到地板的高度 + 6″

褶皱窗帘的最小宽松位 = 2.5 × 接近1

透明薄纱帘的最小宽松位 = 3 × 接近1

固定式侧帘的宽松位 = 最少2 × 成品帘宽的宽松位

主教袖筒式窗帘的最小长度 = 在每一个篷起物上加15″～20″

拖地窗帘 = 在长度上加6″～18″

窗帘长度计算表

利用这些简单的步骤来计算出窗帘的长度。

步骤1：计算成品宽度

窗帘杆表面宽度（RFW）+重叠（OL）

RFW + OL + RT= FW

步骤2：计算布料宽度或布匹的数目

成品宽度（FW）×宽松位（F），然后除以布料宽度（Fabric Width）。

（FW × F）÷Fabric Width = W

步骤3：确定成品长度（FL）

为折边、窗帘头、织缩、拖地部分等留出容差。

（H/H）计算出布匹长度。

（CL）FL + H/H = CL

步骤4：确定总长度

布匹长度（CL）乘以宽度或布匹（W）的数量，然后除以36。从而确定总的长度。

（TY）（CL×W）÷36 = TY

得出在下个总长度之前的长度。

步骤5：为重复容差确定额外的长度

布匹长度（CL）除以重复次数（R），然后得出总数。

（CL）÷（R）=（X）

用总数乘以重复次数来为重复确定新的且带有容差的布匹长度（CL）。

（X）×（R）=（CL）

※作为经验法则，考虑到图案的多样化，当使用中到大的图案时，额外预定1~2
　码的布料永远不失为一个好主意。

（1码=0.9144米）

面料

面料是由纤维、编织式样、颜色、图案及最后修整组合而成的制成品。

纤维：

纤维是天然的，例如丝绸、亚麻布、棉；或者人造的，例如涤纶、尼龙、人造纤维。布料可以完全由纯天然或人造纤维制成，或者由两者结合而成，例如涤纶和棉。单个纤维的品质是决定成品布料性能所不可或缺的一部分。当为你的应用而选择合适的布料时，应该考虑到那些品质。

纤维的特性：

纤维	特殊处	阻力特性	耐老化性	防污性到褪色性	易燃性	维护
棉	易于下垂	差到一般	好到很好	一般（除非做过处理）	极易燃（除非做过处理）	可手洗
醋酸纤维	易于下垂	差到一般	一般到好	一般到好	燃烧迅速（除非做过处理）	干洗
丙烯酸	易于下垂，可以伸展	非常好	非常好	好	可熔化&可燃	可手洗
变性腈纶	易于下垂，可以伸展	非常好	非常好	好	不可燃	可手洗
尼龙	稳定	一般到好	一般到好	好到非常好	可熔化的	可手洗，受压按底
涤纶	抗皱，可以伸展	好到非常好	好	好	可熔化&遇火慢慢减少	可手洗
人造纤维	易于下垂，倾向伸展（除非做过处理）	差到一般	一般到好	一般到好，处理过的	像纸一样可燃	可手洗或干洗，标签

编织式样

一匹布料上的纤维或线需要通过某个具体的方式编织在一起，以便使布料获得预想的图案效果。

布料编织式样：

每一条纬纱都经过经纱，并且每一排纬纱在每一条经纱的下面相互交替。

绸缎编织式样：

布料的正面只由经纱和纬纱组成，这使布料的表面非常光华且有光泽。

斜纹编织式样：

斜纹编织与平纹编织非常相似。经纱在有规律且预先设定好的间隔中省略掉，从而在编织中创作出一种对角的凸条花纹。

篮子编织式样：

两条或更多的经纱和纬纱并列且交替地交叉在一起。这种织法类似于编织好的篮子。

提花编织式样：

在提花织机上编织的布料带有复杂的图案。

重平编织式样：

这是一种平纹编织的方法，它由在经纱或纬纱方位上的粗线构成。

多臂提花编织式样：

这是一种装饰性的编织式样，在布料的结构中带有小的设计图案和几何图形的特征。

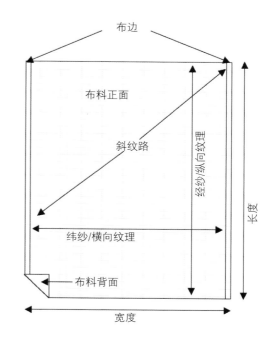

纱罗编织式样：

经纱成对地排列在一起，在所选的纬纱之间，一根纱线扭曲地缠绕着另一根。

牛津编织式样：

一组由改良过的平纹编织或篮子编织而织成的布料，通常用来作为衬衫的面料。

割绒：

织物的正面由被剪裁过的绒头纱线组成，例如天鹅绒或平绒。

未剪裁的绒：

布料的表面由类似毛巾布上的环结组成。

绳绒线编织：

一种柔软的羊毛、丝绸、棉或人造纤维纱线，并且带有凸出的绒毛。

染色法

染色是把颜料或染料涂到织物或成品布料上的着色过程。

染色方法

布匹染色： 对成品布料的编织长度进行染色。

原液染色： 黏胶溶液中多余的涂料或染料塑造出压制纤维。这个工艺过程锁住了纤维中的颜色，使其不因光照而褪泽。

纤维染色： 在天然纤维被纺成纱之前进行染色。

纱线染色： 对成品纱线进行染色。

印花方法

手工印花： 蜡染、丝绢网印花、模板印刷、手工印花及木模板印花。

半自动的或旋转式丝绢网印花： 多种半自动化的丝网用来给布料的正面染上多种颜色和图案。

滚筒印花： 一系列经过雕刻的铜质滚筒给布料染上颜色和图案。

图案

图案可以像提花编织那样被编织到布料上去，或者印在布料上。对于在组合在一起印花的情况下，布料中的提花编织图案上面覆盖着一个已经印好的图案。

重复图案： 重复图案标记着印花的大小和重复次数，并且重复图案应该适用于装饰的长度大小。避免在小的装饰上使用大的重复图案。重复图案应该用于长的窗帘上，以便使其可以充分地显露出来。

图案匹配： 在布料的布边边缘上，图案的末端和起始点通常被剪裁成一半。要确保从横穿装饰的宽度，到窗帘的领边边缘，以及在房间内其他所有布料的应用上，所有的图案应该相匹配。

图案方向： 图案是通过编制或印染到布料上去的。标准的方向是与布料的长度相平行。如果图案呈铁路式，它便与布料的长度垂直相交。

最后工序

布料的最后工序是指完成纺织的一种处理方法或过程。一般说来，用于室内设计中的布料由6个最后工序组成。当布料染上色并且完成最后的工序时，便形成两种类型：标准类和装饰类。

标准类：标准类的最后工序使得布料具有持久性或可塑性。最普遍的一些标准工序是：

- 抗菌：抑制发霉和霉菌，延缓腐朽。可用于卫生保健中。
- 防静电：抑制静电。
- 防燃烧：降低着火率及火苗的传播速度，并有助于布料自动灭火。
- 隔热：通常用泡沫喷雾剂喷洒在布料的背面来隔绝温度和噪声等，并且使衬里绝缘。
- 布料护理：使布料更容易打理，例如永久性压制或抗皱。
- 层压：是使两块布料结合在一起的过程。利用乙烯基来压制，使得编制的地方附在装饰布料的后面。
- 防蛀加工：保护布料免遭虫害。
- 防污：保护布料的表面不沾上灰尘或污渍。
- 防水：降低布料的吸水性，比如露台上的家具装饰布料。
- 吸水性：改进布料的吸水性能。

装饰类：通过装饰类的最后工序营造出一种特定的装饰外观，或改善布料的手感或外观。最普遍的一些装饰工序如下。

- 增亮：增亮布料的颜色并使其保持更久。
- 压延成型：用很重的滚轴把浆粉、釉或树脂强加到布料中去，以达到特定的效果。
- 印花棉布：由压花制成，利用釉彩使布料具有光泽。
- 去掉光泽：去掉布料上的光泽，因为有些布料上带有光泽并不是很恰当。
- 防皱：增强布料的抗皱性并帮助布料保持其造型。
- 压花：用压花辊子在布料上压制出永久的立体花纹。
- 蚀刻或烧煅：利用酸化合物来烧制或蚀刻纤维，从而展现出透明的图案。
- 植绒花纹：由布料上的细小纤维制成的装饰性图案。
- 法式蜡：最闪亮的、光泽度高的工序。

· 云纹：在布料上压制成波纹式样。

· 拉绒：布料的纤维被刷子刷出绒毛般的感觉或短绒毛。

· 平绒：一种压制工艺。朝某个特定方向压制丝绒或天鹅绒，从而制成图案。

· 树脂：用树脂给面料的表面上釉，

或者为防水或防尘做基础。

· 上光：给布料增加光泽的一种方法。这种方法不需要使用额外的树脂或浆粉。

· 后期整理：当布料加工好后，有些特殊的工序可以用在布料上，例如：阻燃、层压、贴纸、起沫，或乳胶底。

图案
图案的种类

小图案：小巧且遍及全面的图案经常被看作是纹理而非图案。小图案可以用来混合颜色并产生可触摸的错觉。

大图案：大幅的图案会使空间显得较小。它们营造出一个焦点且吸引注意力。大图案在视觉上看起来显得靠前。

方向性图案：条状、方格、格子花呢创造出一种方向流程。经过处理，这些图案可以产生水平、垂直和对角的效果。这些图案彼此之间既要精确地相匹配，也要服从于图案的飘动感或编织的曲线感。

视觉图案：有些图案，例如，云纹、几何图案和圆点可以在运动上产生错觉。这些图案能够模仿深度、投射和三维的纹理。

随机图案：随机图案是一种非对称或不平衡的结构。它的范围可以从大型花束延伸至现代的曲线图案。这些图案产生了兴奋感与活力。尽管这些图案看起来有些随意，但是它们的确在水平方向上保持着重复，且必须相互匹配。

规定的图案：当图案沿着水平或垂直方向定期地重复时，这个图案则被认为是受管制的。这类图案包括：条状、格子花呢、方格、几何图形。这些图案为设计提供了结构与形式感。

图案方向

铁路式：图案沿水平方向穿过布边。铁路式的图案主要用于室内装饰，这对图案的匹配也是一个挑战。

典型式：图案沿着布料的长度垂直地排列。这类图案在大多数窗帘以及室内装饰品中很典型。

典型式

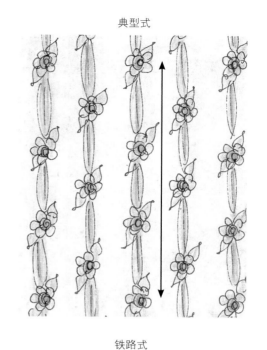

铁路式

图案支配

许多布料的主题中包含主要的和次要的图案。因此，当你标记图案的位置时，选择你想要突出的一种图案很重要。

图案的重复与匹配

垂直重复与水平重复： 在布料的表面，所有完整的重复图案之间的距离或者是朝向水平方向，或者朝向垂直方向。

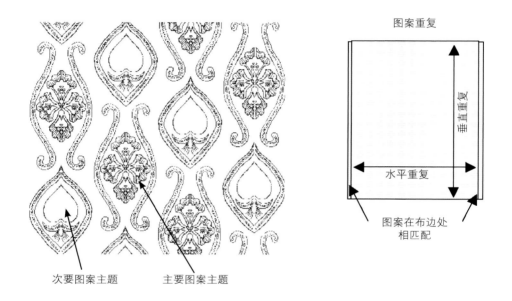

图案重复

垂直重复

水平重复

图案在布边处
相匹配

次要图案主题   主要图案主题

压印与重复压印： 有些布料，例如表面有压印图案的编织式锦缎，在其上有两种图案需要匹配，即锦缎的基础图案与压印图案。如果没能匹配基础图案或压印图案，将会导致基础图案在衔接处不一致，这样当窗帘挂起来时这种不一致会很明显。

小图案重复： 带有小图案的布料看起来往往只有一点或没有重复。这样的布料将会带有较长幅度的重复图案。这种方法会使图案在长的布料中呈现出一种条纹状的效果。检查这种图案效果的唯一方法是检查一下布料的普遍长度。

平衡的图案匹配： 重复图案作为一个整体的主题，在布料的两侧布边处保持着平衡。在这种情况下，当连接剪裁处时，接缝贯穿布料始终或穿过次要图案，这样接缝就不会从主要的图案上穿过。

半图案匹配：重复的图案在每一个布料的边缘处被裁去一半。在这种情况下，当接合布匹的剪裁处时，接缝将贯穿主要图案中心位置。

半下降式重复或下降匹配图案：在布料一侧边缘上的图案将不会与笔直穿过另一侧的图案相匹配。布料右侧边缘上的图案将以其自身高度的一半，并以左侧边缘为基准，进行向上或向下的移动。由于在制作相匹配的式样的过程中，重复的图案会被浪费掉一半，因此，需要增加额外的布料以便使图案相匹配。

笔直重复且相匹配的重复图案：图案被放置呈一条直线横穿过布料，并且左右两边的图案相同。

半下降式重复　　　　　　　　　　笔直重复且相匹配的重复图案

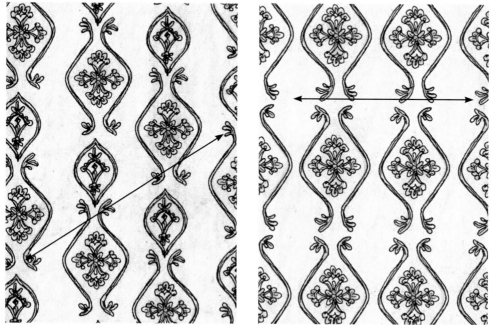

布料宽度

了解一卷布料的确切宽度，以及所使用布料的可用宽度是确立将要用到的正确尺寸的关键。

一卷布：布料从布边一侧到另一侧的尺寸。

可用宽度：布料从一侧布边容差到另一侧布边容差的尺寸。

布边容差：布料从掖进去的布边边缘到居中，并相匹配的图案的界线部分。必须要安置好此界线处的接缝以确保图案能够恰当地相匹配。超过从界线到布边边缘的布料很粗糙，因此不应该使用。

尽管大多数的家居装饰布料宽度为54″，然而仍有一些例外。布料的布边容差或可用边缘在宽度上可以为1/2″ ~ 1^1/$_2$″，例如人造纤维和丝绒这类布料。重要的是在布边与接缝的容差减少后，确定布料的可用宽度。

典型的宽度
标准的窗帘和家居装饰布料..54″ 宽
透明薄纱帘 ....54″ ~ 60″ ~ 106″ 宽
超宽幅透明薄纱帘 ....108″ ~ 118″ ~ 126″ 宽
超宽幅提花织物 ....114″ ~ 116″ 宽
一些高档的丝绸和亚麻布 ....42″ ~ 45″ 宽
服装制作布料 ....45″ ~ 58″ 和 60″ 宽
绗缝棉 ....45″ 宽
针织品 ....60″ 宽
窗帘衬里...48″ ~ 54″ ~ 60″ 宽
超宽幅窗帘衬里 ....115″ ~ 126″ 宽

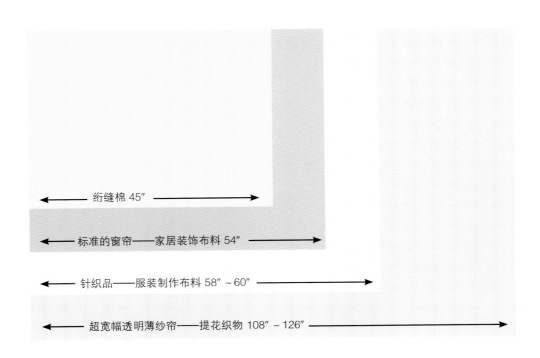

绗缝棉 45″

标准的窗帘——家居装饰布料 54″

针织品——服装制作布料 58″ ~ 60″

超宽幅透明薄纱帘——提花织物 108″ ~ 126″

衬里

衬里是任何窗饰的关键部件，能将专业装饰与业余区别开。衬里是一种巧妙地处理装饰中所用的布料并增加其性能的工具。

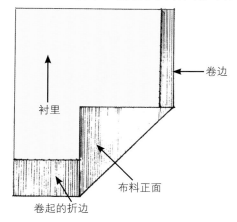

卷边

衬里

布料正面

卷起的折边

· 衬里为薄布料增加体积感。
· 衬里保护布料的表面，使其免受阳光灼蚀及褪色。
· 视觉上，衬里统一了窗户的外观。
· 衬里加固窗帘并防止其下垂。
· 衬里减弱光线，并避免颜色透过窗帘。
· 衬里形成一种整齐、完整、专业的外观。
· 衬里增加窗帘头的稳定性和强度。

衬里的种类

除了特别指定之外，白色的涤棉衬里在大多数工作室里很普遍。供应商不同，衬里的质量等级与柔软性会有很大的区别。从工作室里取一份标准的衬里样本，看看是否满意。白色的衬里能保持布料表面的实际颜色。

象牙色衬里比白色衬里看起来更柔和。从外面看，象牙色衬里更引人注目。它可以微妙地改变布料表面的颜色。

同料衬里或带有颜色的衬里在装饰衬里的任何部分可以得见时使用。记得要在一个坐着的位置，以及两层的位置上来考虑装饰的外观。

法式衬里或黑色衬里可以用作衬里或内衬，从而达到遮光的效果，或是减少颜色和图案透背。当使用表面呈浅颜色的布料时，黑色衬里会使布料的表面显得有点灰。

遮光衬里最大限度地用于遮挡光线。白天，透过装饰衬里可以看到别针孔或针孔。在缝合之前涂胶水黏上遮光衬里的宽，以避免露出别针孔。在过去，遮光衬里比较硬、笨重，并且很难使用。现在，许多供应商提供一种柔软的且具有柔韧性的新品种，这类遮光及保温衬里手感很好，并且容易缝合。

保温式绒面革比一般的衬里要重，同时它的橡胶背衬有绝缘作用。

所选择的衬里颜色应该与家里的前窗处保持一致。

把衬里放置在布料的背面，并举起来对着光源查看颜色的变化。

内衬

内衬是夹在布料表面与装饰衬里之间的一层特殊的布料。近几年来，内衬在实际
应用中非常广泛。

使用一种内衬有许多原因和方法：
· 保护布料表面免受光照。
· 为装饰加一层保温层以保温或隔热。
· 在不使用遮光衬里时也可以起到遮阳效果。
· 为薄的布料增加体积感。
· 稳固松散的编织布料。
· 减少图案或颜色从窗帘中透过。
· 增加丝绸的体积、强度和稳定感。

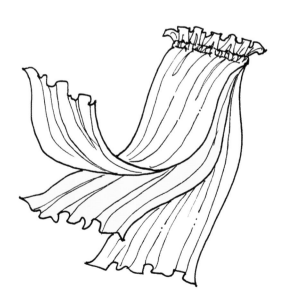

内衬的种类

- 许多内衬是毡制的，或是用法兰绒包裹的100%纯棉织品。
- 英式隆起是一种厚密但又柔软的内衬。它使布料看起来蓬松而厚重。
- 厚重的法兰绒或内衬比普通的内衬要重一些，但没有毛毡桌布重。
- 毛毡桌布是一种非常厚密而重的内衬。它使布料看起来厚重而直挺。
- 像软法兰绒这类重量轻的内衬用于帷幔、垂彩、瀑布状花边以及尾饰。
- 双面内衬带有遮蔽功能并兼有保热性能，或一侧带有成品衬里的绒面革内衬。这类内衬无须制成三层。
- 始终要在丝绸装饰中加内衬。利用隆起造型使丝绸装饰看起来厚密而蓬松或用重量轻的内衬使丝绸装饰看起来更清爽。
- 在剪裁内衬之后到开始加工之前，先让内衬静置24小时。当内衬用轧机卷成一卷时会被拉伸。当内衬被展开并停放片刻后，便恢复到实际的大小。
- 内衬可以作为柔软的装饰边放置在窗帘布料表面的折边里、皱边床围及窗户的顶部装饰。
- 不要把内衬缝合在一起。通过重叠的方式使布边连接在一起，以便减少布料的体积。
- 使内衬能够在窗帘的折边处以上自如地移动，从而避免内衬聚束在一起。

面料的关键术语

对角剪裁：沿面料编织式样的45°角剪裁面料。这种剪裁使垂彩的悬垂性更好，并使面料的滚绳更好地紧贴着曲线。在剪裁对角之前要先检查一下印花图案。有些垂直的印花图案沿着对角剪裁看起来效果很好，其他的则不然。

C.O.M.（又叫作COM）：客户自己的材料。

硬衬布（又叫作硬麻布）：一种大尺寸的或比较硬的布料，在窗帘中作为褶裥的基础。

横向纹理（又叫作纬线、纬纱）：织布的线与布边垂直相交。横向纹理的布料有轻微的弹性。

经纱长度：组装窗饰所用的布料的宽度总数。

经纱长度容差：添加到最终测量中的布料总量，用于折边和窗帘头。

布匹宽度：装饰宽度所需要的全部布料，包括折边和/或任何其他的限额。

悬垂性：某一种布料挂起来时，其折叠处呈现出的一种完美的状态。

下降式匹配：指在宽的一侧沿着印花笔直地剪裁，图案则不会被非常整齐地缝在布边处。只有重复的图案垂直下降1/2后，图案才能够相匹配。因此，需要增加多余的布料。每一匹布要增加1/2的重复图案。这一点在与壁纸相协调的布料中很常见。通常会在样本中标明为（但也不总是）下降式匹配。

染色批量：在同一时间经过印染的一批布料。每完成一次新的印染，布料就被归类为一个新的染色批量。由于染色批量不同，布料的颜色也会有所不同。如果项目对颜色匹配的要求很高，则始终要订购同一个染色批量的布匹。

加工：将原材料加工为成品的过程。

布料表面：在装饰中，面朝着房间的装饰布料。衬里在布料的背面。

饰面：缝在毛边处的一片布料，把它翻到背面便形成一个完整的边缘。有时候褶裥饰带上的对角线或瀑布状花边需要在角度上显示出对比。

最后修饰：把产品应用到布料上作为一种保护，以便防止水渍及褪色。

阻燃布料：不会被点着并燃烧的布料。布料本身就具有阻燃性，也就是说实际上制成这种布料的纤维是一种阻燃纤维，例如涤纶或是经过处理后具有阻燃性的纤维。通常经过处理，纤维会有所改变且变硬。

法式接缝：把布料缝合在一起并同时

隐藏接缝处的一种方法。通常用在透明薄纱帘上。

纹理：布料上线的走向。纹理既可以是横向的，也可以是纵向的。

手感：触摸布料时的感觉。

半下降匹配：图案自身下降到与其相水平的重复图案的1/2处，但不在布边处匹配。当为角状物、窗帘盒、新古典风格的垂彩、箱形褶裥等来计量布匹时，或当每一片布料需要相同的设计或风格时，半下降匹配是一个值得关注的问题。通常会在样本中把它标明为半下降。

纵向纹理（又叫作经纱）：织布的线与布边平行。布料沿着纵向纹理更结实。

绒毛：沿着同一个方向的质地或设计，例如灯芯绒和天鹅绒。带有绒毛的布料从不同的方向上看时常会有所不同。当使用带有绒毛的布料时，所有的布料必须在一起剪裁并缝合，这样绒毛就会只朝着同一个方向。

图案重复（又叫作重复）：在设计中任何指定的点之间的距离，以及那个确切的点再次出现的距离。重复既可以是水平的，也可以是垂直的。

枕头套（又叫作枕套）：布料表面与衬里缝合在一起的一种工艺，通常带有1/2″的接缝，然后翻过来并熨平，这样接缝就成了物体的边缘。

毛葛：表面带有横棱的棉布。

铁路式：转动布料使布边穿过装饰，而不是上下移动。118″长的透明薄纱就是按照这种方法制成的，这样浅形褶就一直横穿布边到末尾而不是沿着剪裁处。采用这种方法可以避免在有些装饰上带有接缝。

正面：布料上带有印花的一面，一般作为物品上的完整的一面。正面通常看起来颜色更丰富、更完整。

接缝：两片布料缝在一起的连接处。

缝头：连接布料时额外留出的一段布料。

布边：在布料长度一侧的编织紧密的边缘，用于保持布料的完整。

平纹：布料上的纵向线，与布边并行。

嵌合：在最后加工之前要测量窗饰，并标记出它的成品长度。

布料翻转：布料的片刻轻松感由于折叠而消失。

经纱与纬纱：指布料上线的方向。经纱线贯穿布料的长，并同在布料的宽度上贯穿于两侧布边之间的纬纱线相交织在一起。

门幅：用来描述单个布料宽度的词（指两侧布边之间）。把几匹布料的宽缝在一起就是一对儿窗帘。

反面：布料的背面。指没有全部完成的一侧，可能会有一些杂线头或看起来有些粗糙。

窗户测量图

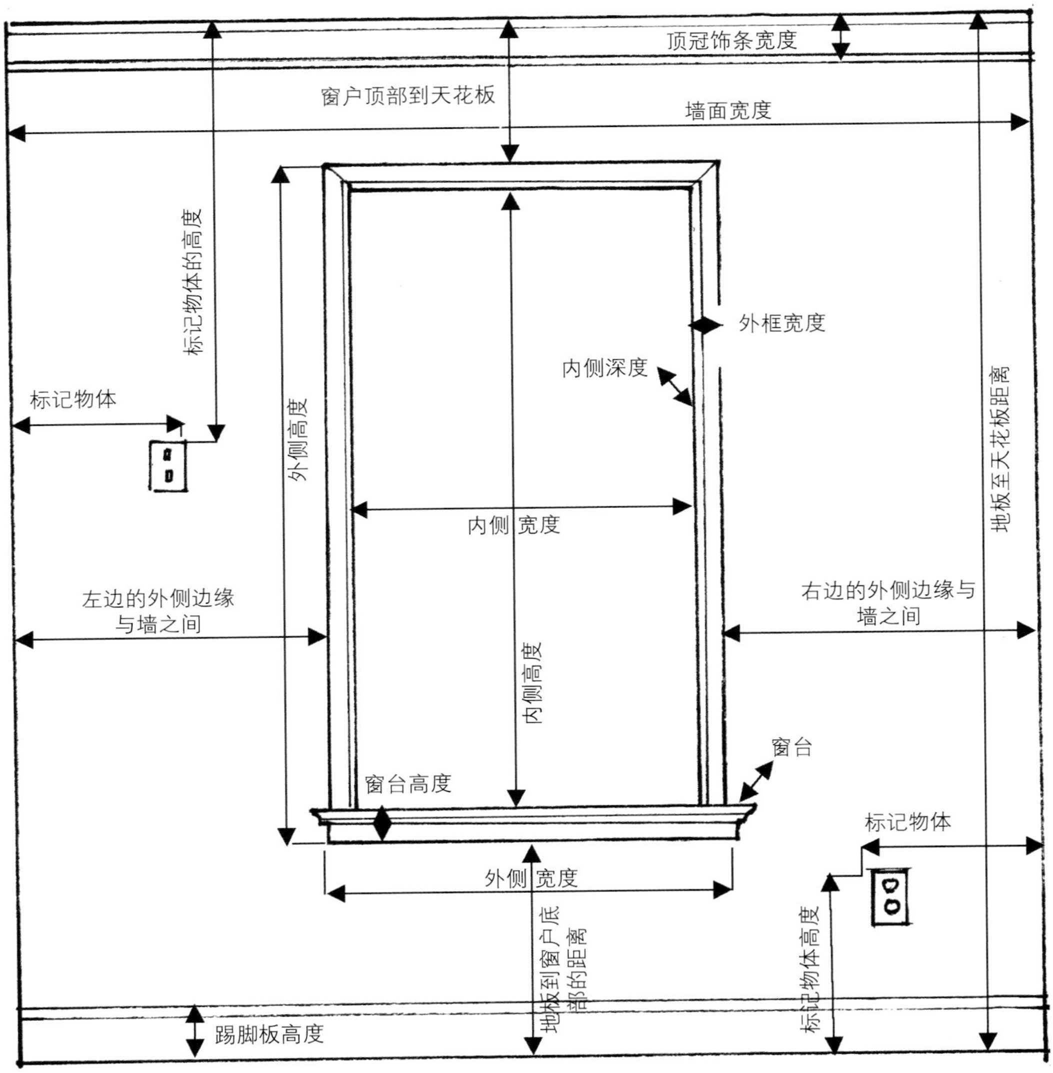

顶冠饰条宽度

窗户顶部到天花板

墙面宽度

标记物体的高度

标记物体

外框宽度

内侧深度

外侧高度

内侧宽度

地板至天花板距离

左边的外侧边缘与墙之间

右边的外侧边缘与墙之间

内侧高度

窗台

窗台高度

标记物体

外侧宽度

地板到窗户底部的距离

标记物体高度

踢脚板高度

如何测量一扇窗户

- 测量整扇窗户以及包含在窗户内的所有部件。如果相邻的墙面会影响到设计感，或许也有必要对其进行测量。
- 始终用钢卷尺来进行测量，以确保测量的准确性。
- 列出所有测量的总英寸，而不是英尺和英寸。
- 始终要自左向右进行测量，这样可以使你站在直立的位置上读取卷尺数据。
- 先测量所有窗户的宽度，其次是长度。始终要先列出你所测量的宽度。
- 没有两扇一模一样的窗户。所有的窗户都要进行单独测量。
- 标记出所有的开关、插座、空调等，并且在设计时考虑它们的位置与用途。
- 测量窗框凸出的部分以及其他的木制品，并调整窗帘到墙面的翻边距离以便顺应其深度。
- 即使你认为不会用到，最好还是采用所有的标准度量，而不是到最后才后悔没用利用它们。
- 明确墙面的结构（水泥砖、建筑纸板、钢梁结构等）。预测一下它将如何影响零部件的选择与位置。墙面能否支撑起成品窗饰的总重量？它应当怎样挂起？
- 进行两次测量，订一次货！或者更好的办法是，由安装工帮你测量以便再次确认测量的准确性。两双眼睛总比一双要好。

一扇窗户的组成部分

窗框

玻璃

竖框

外框

侧柱

窗台

窗台下裙板

测量内装装饰

· 从顶部、中间，以及底部分别测量窗户的宽度，然后使用最小的样图。

· 向制造商提供窗户的实际尺寸。不要留出间隙。

· 测量窗户时要精确到1/8″。独自设计时才减去间隙。帮助你调整间隙是设计师或制造商的标准做法。如果自己做扣除，装饰则会变得太窄。

· 从右侧、中间，以及左侧分别测量窗户的长度，然后采用最长的度量来设计遮阳帘和百叶窗。竖杆则根据最短的距离来放置。

· 测量窗户凹槽的深度，从而确保凹槽的深度可以容纳装饰的顶部导轨。如果深度不够，就必须考虑采用外装装饰。

· 估算一下装饰堆叠在一起时所需要的空间。堆叠后是否会干扰到视线？如果采用顶部装饰，那么装饰能否覆盖住堆叠的一垛？

· 始终要给造型特殊的窗户做模板，并把它提供给制造商。用厚纸或包装纸效果更好。用胶带把纸粘在窗户上然后勾勒出轮廓。

· 对于需要动手来操作的装饰，标记出在最近一侧的拉绳的位置。切记要明确说明遮阳帘的套索钉和拉绳栓。

· 对于有小孩子的家庭而言，当确定遮阳帘和百叶窗时，始终要考虑到安全措施。

测量外装装饰

· 检查是否需要延伸托架来使窗框突出。如果需要，大概需要多大的间隙？

· 任何特殊的造型或拱形都需要做模板。

· 如果是测量横穿式窗帘，必须要估算出背面堆叠的间隙，还要考虑视觉效果，以及窗户和门的操作。当窗帘拉开后希望看到多少块玻璃？调整间隙以便达到最好的视觉效果。

· 当在同一个房间里为大小不同的窗户估算窗饰时，试着通过调整来使窗饰的尺寸得到统一并使窗户保持平衡，从而使窗户看起来大小一样。

· 当测量带有套环的窗帘杆时，切记窗帘将会挂在套环的底部，而不是杆子上。利用这个公式：套环直径 + 成品窗帘的长度 = 窗饰的总长。

　　窗饰零部件的主要测量中的因素：

　　杆子：直径、宽度、长度、托架前后的延伸距离。

　　托架：高度、宽度、延伸、距离天花板的最小间隙。

　　窗帘装饰头：高度、直径、长度、距离墙面的最小间隙。

· 当确定层状的装饰时，要相应地调整所有的量度以避免窗帘聚束或挤在一起。

· 当测量零部件时，记着要在宽幅或厚重的装饰上确定由中间支撑或由多处支撑的支架的位置。

· 对于横穿式窗饰，在窗饰上标记出最近的一侧的拉绳位置。对于有小孩子的家庭而言，当安装带有拉绳的窗饰时，始终要考虑到安全因素。

窗户的关键术语

容差： 源于精密测量的一种惯用的变化形式，其目的在于满足预期的需要。

窗台下裙板： 覆盖在窗台下面的木质装饰。

拱顶： 拱形的顶点。

拱形窗户： 一个半圆形的窗户，经常被放置在门或其他窗户的顶部作为装饰并增加光线。

篷式天窗： 其铰链被安装在顶部的窗户，并朝向外侧转动打开。通常呈长方形，且宽度大于长度。

指挥棒： 一种窗帘杆或棍子，用于挂起横帘。

凸窗： 几扇窗户相互成角度地组合在一起。

弓形窗： 一种成弧形的或半圆形的窗户。

托架： 一种固定在墙上或窗户外框上的金属部件，用于支撑帷幕、窗帘杆、百叶窗、遮阳帘等。

承载体（又叫作滑动）： 安装在横杆上的小滑轮，用来扣住布针或挂钩。

窗户外框： 安装在窗户凹槽外侧的木质装饰。

教堂式窗户： 常配有教堂式天花板的斜窗，窗的顶部连接着倾斜的天花板。

由中间处支撑的托架： 附加的隐藏窗帘托架，被安置在一个长的窗帘杆中间，当需要的时候用来额外支撑厚重窗帘，并避免窗帘下垂。

间隙容差： 在零部件之间或安装的窗饰之间需要的间隙总和，以便使零部件或窗饰可以正常地活动。

天窗： 一系列可以使光线和空气进入的小窗户，通常被安置在墙面的高处以保障私密性。

线夹： 附着在墙面上的一个零部件。窗饰的拉绳可以牢固地缠绕在上面。作为一种安全预防措施，利用线夹从而使拉绳远离小孩子可以够到的范围。

绳扣： 安装在遮阳帘的窗帘盒上的一个零部件，通过操作可以使拉绳从绳扣中穿过。当拉起拉绳时，绳扣确保遮阳帘停留在预想的位置上。

角窗： 窗户在房间内的墙脚处相交形成直角。

顶冠饰条： 呈45°角被安装在天花板

上的装饰性线脚。

老虎窗：被安置在倾斜的屋顶表面上的一扇垂直的窗户。

双悬窗：最常见的窗户样式。两扇窗框可以前后移动。

眉窗：其顶部呈拱形且宽度呈细长状的窗户。不是一个准确的半圆。

成品长度：窗帘经过加工之后的长度。

成品宽度：窗帘完工之后的实际宽度。

落地双扇玻璃门：一般成对使用，门几乎是用完整的玻璃板制成的，并向外侧打开。落地双扇玻璃门常常通向走廊或露台。

正面宽度：不含翻边距离的装饰板的宽度。

下悬窗：合页位于窗户的底部并从顶向里侧打开。与篷式天窗相反。

内测量：测量窗饰，这样在安装好窗饰后，窗户的饰面就会显露出来。

内侧安装（又叫作ISM，"内侧安装"的英文缩写）：零部件和窗帘位于结构的里侧，通常是窗框或檐口板。在

墙与墙之间安装窗帘同样被看作是内侧安装。

内侧深度：窗户从窗框到墙面的最小深度。

内侧宽度：从内部所测量的窗框凹槽的最大宽度。

竖框：两扇窗框之间的垂直的木头或砌体部分。

窗格条：在窗户中，用来分隔玻璃窗格的水平和垂直的木条。

外测量：测量窗框外侧的周长，使装饰可以覆盖着所有的窗户饰面。

外侧安装（又叫作OSM，"外侧安装"的英文缩写）：装饰的零部件被安装在窗框的外侧或墙面上，并且装饰不会在末端处妨碍到任何结构。

外侧宽度：外框外围的窗户的量度，包括窗户到外侧的其他外框边缘的量度。

巴拉迪欧式窗：一系列顶部呈拱形的窗户。

大型单片玻璃落地窗：一种带有大的玻璃中心区域的窗户，通常两侧伴有两个较小的玻璃区域。

基座：安装在窗框角落的一个正方形的装饰性木制品。

突出部分（又叫作翻边）：从窗饰的正面到墙面的距离。

拉绳：位于遮阳帘或百叶窗上的拉绳，用来拉开或闭合窗帘。

翻边：从窗帘杆的表面到墙面或到外框的距离，托架或墙板安装在此处。

窗框：窗户可以打开且关闭的部分。它包括窗框以及一片或多片玻璃窗格。此外，它还包括不可开启的窗户的窗框和玻璃。

从侧面射进来的光线：与门相邻的一扇玻璃嵌板，经常在入口处作为观赏使用并提供充足的光线。

窗台：窗框的一部分，类似于水平位

置上的平台。

天窗：位于屋顶上的窗户，可以使光线从上面射进来。天窗既可以是打开的，也可以是关闭的。有些天窗是扁平的，而有些是气泡状的。

电动玻璃门：安装在滑道上的大扇玻璃门，彼此绕开通行。

模板：用厚纸在不易被测量的窗户、拱形或其他元素上描摹的草图，以便用于记录下确切的形状。

垂直叠加：当完全打开后，遮阳帘或百叶窗的堆叠部分所占据的区域。

窗框凹槽：从墙的表面到窗户后置的深度。

窗帘与帷幔

长的窗帘装饰可以分为两类：窗帘与帷幔。

窗帘是长的、带有衬里的、褶皱或无褶皱的一条帘子。窗帘或敞开或闭拢，横穿过窗帘滑道或窗帘杆。

窗帘可以挂在功能性或装饰性的横向顶杆或套环上，利用窗帘挂钩或别针把它们附在窗帘头上，或者用环结或带子把窗帘系在穿杆套环上。

窗帘是一种能够提供私密性并调节光线的功能性装饰。

帷幔的长度介于中等与长之间，有衬里或无衬里，并且挂在固定式或手拉式的零部件上。

帷幔可以通过使用笔直的窗帘头、襻扣、带子、环结或金属扣眼，以及各种各样的备选零部件来悬挂，例如：装饰窗帘杆、欧式杆、系带杆、咖啡馆式窗帘杆、摇杆、墙钩、吊灯钩、套环、把手、团花、窗帘钩或木板安装。

帷幔可以是具有功能性的装饰设计，但很多时候它们完全被用来作为装饰。帷幔可以同百叶窗、遮阳帘、百叶门窗或是与铅垂线组合在一起使用，从而提供私密性并调节光线。

窗饰的结构

每个窗饰都是由某些标准的元素组合而成的。当富有创造性地组合这些元素时，便会使窗饰具有独特性。

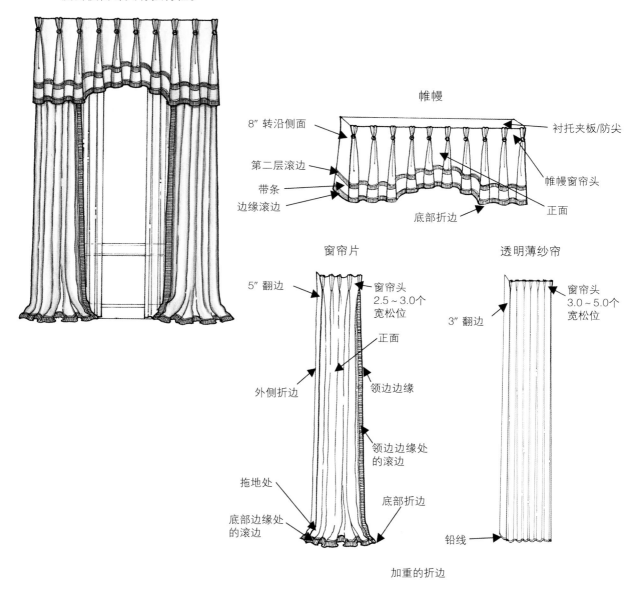

帷幔

8″转沿侧面
第二层滚边
带条
边缘滚边
衬托夹板/防尖
帷幔窗帘头
底部折边
正面

窗帘片

5″翻边
窗帘头
2.5～3.0个
宽松位
正面
领边边缘
外侧折边
领边边缘处
的滚边
拖地处
底部折边
底部边缘处
的滚边

加重的折边

透明薄纱帘

窗帘头
3.0～5.0个
宽松位
3″翻边
铅线

特制的固定式侧帘

　　这些侧帘是由设计师和工作室设计出来的解决问题的好帮手，并用于处理在设计窗饰时遇到的特定阻碍。

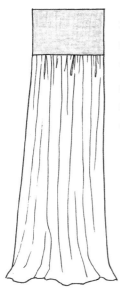

无堆积式的扁平窗帘

把扁平的衬里附着在褶皱的帘子上，以便消除位于顶部装饰下的堆积感，并且这种帘子节省了隐藏在顶部装饰下的布料成本。

隐藏式的扁平窗帘

利用带条和环结把顶部呈扇贝状的褶皱帘子绑在顶部，从而避免帘子下垂，并使隐藏着的窗帘头在挂旗的下面垂挂。

顶部呈飞镖状的窗帘

在帘子的顶部嵌入被剪裁的飞镖形状可以避免窗帘头堆积在一起，并且在底部折边处形成一种舒展的喇叭状。这种方案适用于美人鱼式的拖地效果。

舞会袍式窗帘

嵌入一个三角形布片或大尺寸的飞镖形状，使其在帘子的前面营造出一种优雅的时尚感。这种方案利用较低的成本和较少的窗帘头，来展示更多的布料和体积感。

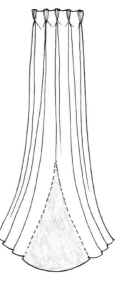

为多种装饰准备的标准硬件配置

现在，伴随着可利用的新颖的窗帘配件，装饰性与功能性相结合的可能性是数不尽的。总是要核对一下制造商对你所购买的产品在安装上的指导意见，并确保根据不同的装饰方案来调整间隙与翻边距离。

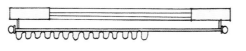

单向拉动式的横帘

双向拉动式的横帘

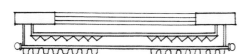

双向拉动式的横帘与悬挂在下方的双向拉动式横帘

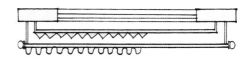

单向拉动式的横帘与悬挂在下方的单向拉动式横帘

在悬挂于下方的双向拉动式横帘上，覆盖着装饰性的檐口作为顶部的装饰

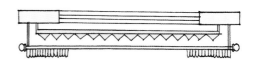

带有装饰性的固定式侧帘与下方的固定式挂帘

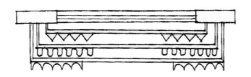

在悬挂于下方的双向拉动式横帘上，覆盖着具有装饰性的固定式侧帘

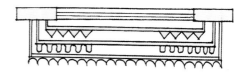

在悬挂于下方的双向拉动式横帘上，覆盖着固定式的帷幔作为顶部的装饰

窗帘的关键术语

带条：长条状的布料或扁平的饰边镶嵌在窗帘或帷幕的边缘或折边处。

底部折边：布料翻过来，并在窗帘的底部形成一个完整的边。

间歇：当窗帘下摆的长度额外增加1″～2″时，下摆依靠在地板上之后窗帘的外观。

硬麻布：一种利用胶水使其硬化的粗棉、大麻纤维或亚麻布，或是一种用于窗帘头上的类似胶水一样的物质。硬麻布使窗帘头更具有造型感（又叫作硬衬布）。

木板安装：装饰中的任意部分安装在窗户内侧或外侧的木板上。

滚边：沿着窗帘的边缘或折边的一种装饰性边缘。

薄窗帘布：一种由稀疏织法编织而成的布料，但是没有纱帘透明。

套子：一种由布料制成的口袋，用来放窗帘杆、重量板或拉带。

垂帘：窗饰帘从悬挂系统的顶部到底部折边边缘的全长。

间隙：从窗帘杆、杆子或安装板的背面到墙面的距离。

帷幕：一对加衬里的或没有衬里的布料，挂在窗户顶部非滑动的窗帘杆上。

垂帘：窗户装饰帘从悬挂装置到底部边缘的长度。

剪裁处翻边：经过剪裁的一个扭孔或长方形剪裁，安置在窗帘的翻边处或装饰的顶部，从而使翻边部分通过安装在杆子上的装饰而回到墙面。

双吊、挂钩窗帘：两套窗帘，通常透明薄纱帘位于不透明布料的下面，并且这两部分可以分别进行操作。

大窗帘：横穿式的窗户遮盖物的专有名词，也就是指褶皱的窗帘。

扯帘：一种窗帘装饰，用来同横杆一起使用，作为窗户的遮盖物既可以拉开也可以闭拢；既可以从两侧拉到中间（中心点），也可以从一侧拉到另一侧（单行）。

加工：折叠加工并调整装饰布料的过程，以便使窗帘挂起来之后营造出预期的效果。

垂直长度：从物体的顶部到你想要布料结尾的位置的距离。

表面：窗帘装饰的正面。

饱满度：相对于一扇窗帘的成品宽度而使用的布料的数量，通常在两倍（2×）到三倍（3×）的宽松位之间。两倍（2×）表明扁平布料的宽度是成品窗帘的两倍；三倍（3×）表明扁平布料的宽度是成品窗帘的三倍。

窗帘头：窗帘头指的是装饰顶部的折边。它的种类是指用于顶部折边的结构形式，即浅形褶裥的窗帘头、带罩衣的窗帘头或顶部带垂片的窗帘头。

折边：把毛边翻过来并缝合上，也指装饰上任何已缝合好的折边。

顶梁：从窗帘头的上面延伸出来的边缘，比如在窗帘杆托架上面的皱边或是带罩衣的窗帘头。

领边：一对窗帘或帷幔的领边是指在窗帘中间重叠的两个边缘。

内存针（又叫作标记）：利用手工在窗帘背面缝的线，用于保持衬里与布料表面的折叠均匀。

多层拉动：一次同时打开并闭拢一个窗帘杆上的几片窗帘。

衬托夹板：安装在窗框内侧或外侧的一个木板，窗帘、帷幔或其他装饰安装在这个木板上。

翻边边缘：顶部装饰、窗帘或一对帷幕的外侧折边，用来组成装饰的翻边。

外侧安装：安装在窗框外侧、外框上或附近墙面上的任何装饰。

外侧窗帘：在双层或组合窗帘装饰中的窗帘的上层。

偏离中心拉动：窗帘不从中间一处穿过。

单向拉动：窗帘的一片设计成朝着一个方向拉动。

重叠：当一对窗帘闭拢后，布料位于其中间重叠（交叉）的部分。当两片垂彩在一个板子或杆子上彼此交叉时，那就是交叉或重叠的地方。基尔希或格雷伯式横杆的标准的重叠是$3\frac{1}{2}''$。

对宽：窗帘杆的宽度加上一个重叠和两个翻边。这是在将采用两对一副浅形褶裥的窗帘时会得到的量度，然后把它们平铺好并在横向处首尾相连，不要重叠。当闭拢时，窗帘会紧贴着横杆。

单片：一对窗帘或帷幕中的一片，虽然这一片也许会由不同的布料宽度组成。

单片宽度：把对宽分为两半。这是一片窗帘的成品宽度。

褶裥：把布料折叠并缝在一起来营

造饱满的感觉。

褶裥宽度： 布料经过折叠后的成品宽度。

褶裥与褶裥的宽度： 从第一个褶裥到最后一个褶裥的长度。

褶皱带： 一种穿杆式的窗帘头材料，设计用来同插入式窗帘钩一起使用。

突出部分（又叫作翻边）： 从窗饰的正面到墙面的距离。

拖地处： 当窗帘足够长并逐渐下垂到地板上所形成的。根据想要达到的效果，长度需要额外增加1″～18″。

翻边： 从窗帘杆的表面到墙面或到外框的距离，托架或墙板安装在此处。

侧面折边： 装饰中，只有1/2″～1″的折边翻到里侧，并缝起来作为整个布料的折边。

系带窗帘： 任何挂在距离窗户玻璃较近的薄纱材料。通常挂在弹簧杆上或安装在窗户外框内侧的系带杆上。

透明薄纱： 由透明的织物制成的帷幕或窗帘，用于过滤光线并最小限度地提供私密性，经常用于另一个窗帘的后面。

堆叠（又叫作堆积）： 当窗帘或遮阳帘完全打开后所占据的空间。

总宽： 木板的宽度或是从窗帘杆的一端到另一端，外加两个翻边的宽度。

横穿： 横向拉动。横穿式窗帘是一种借助于窗户的横杆来拉开并闭拢的窗帘。

窗帘里布： 一种轻质的窗帘，通常是透明薄纱，并且紧贴着窗户玻璃。窗帘里帘挂在较厚的窗帘的后面。

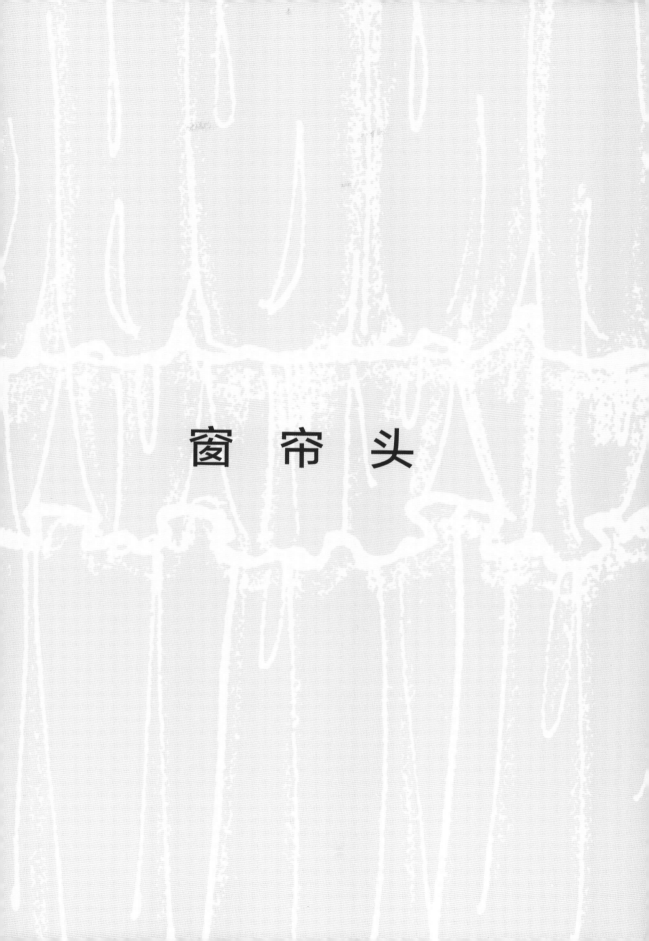

窗帘头

窗帘头

窗帘头由许多材料和设计元素组合在一起，并按照指定的方式来组合扁平窗帘的顶部折边，从而营造出一种饱满的感觉，或把窗帘头作为一种窗饰来悬挂。窗帘头风格会为窗饰增添一种个性。窗帘头的风格是在设计的过程中所做的最重要的决定之一。

窗帘头可以用来设计：
窗帘片
帷幕片
帷幔
遮阳帘

窗帘头有三种类型：
褶裥
套杆
吊带窗帘头

褶裥式窗帘头

褶裥是位于窗帘头上的一小部分布料，经过折叠后被缝合在适当的位置以便营造出饱满的感觉。

· 褶裥在窗帘头上形成统一的比例和间隔。

· 当拉开或闭拢零部件时，褶裥可以使窗帘片比较流畅地拉动。

· 同其他类型的窗帘头相比，褶裥式窗帘头堆积更小、更整齐。

· 褶裥形成间隔一致的下垂式样。

· 布料可以通过手工，或机器打成褶，或利用别针以及商务式打褶的带子来打成褶。

· 可以通过调节褶裥的大小、褶裥的间隔以及褶裥的折叠次数来调整窗帘的饱满感。

· 由于设计与组装简单，褶裥具有成本效益。

· 褶裥使一片窗帘具有多种功能，可以与不同类型的零部件一起使用。窗帘片可以直接用别针别在横杆及装饰套环上，还可以安装在板子上，或者直接系在檐口或帷幔上。

· 褶裥式窗帘不可以平铺后进行清洗及熨烫。

· 当使用带有大图案或重复图案的布料时，要考虑到褶裥是否会影响到图案。试着根据图案来调整一下褶裥的风格与间隔。

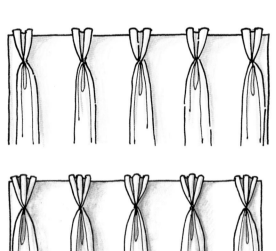

双层浅形褶裥

窗帘头：正式且硬直

宽松位：2.5～3.0

零部件：挂钩，套环

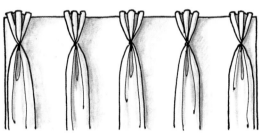

三层法式浅形褶裥

窗帘头：正式且硬直

宽松位：2.5～3.0

零部件：挂钩，套环

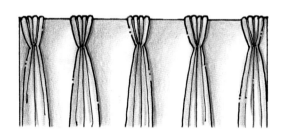

四指浅形褶裥

窗帘头：正式且硬直

宽松位：2.5～3.5

零部件：挂钩，套环

五指浅形褶裥

窗帘头：正式且硬直

宽松位：2.5～3.5

零部件：挂钩，套环

蝴蝶褶裥

窗帘头：正式且硬直

宽松位：2.5～3.0

零部件：挂钩，套环

欧式褶裥

窗帘头：正式且硬直

宽松位：2.5～3.0

零部件：挂钩，套环

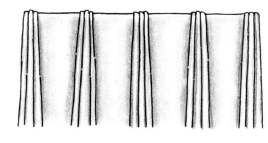

X形褶裥

窗帘头：正式且硬直

宽松位：2.5～3.0

零部件：挂钩，套环

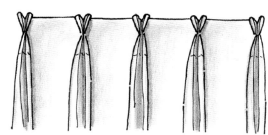

杯状褶裥

窗帘头：正式且硬直

宽松位：2.5～3.0

零部件：挂钩，套环

扇形褶裥

窗帘头：正式且硬直

宽松位：2.5～3.0

零部件：挂钩，套环

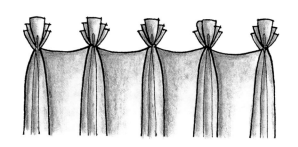

双层钉褶裥

窗帘头：正式且硬直

宽松位：2.5～3.0

零部件：挂钩，套环

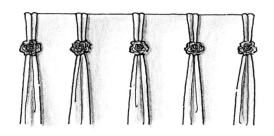

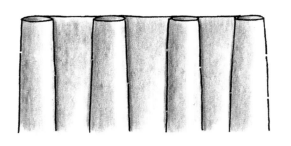

钟形褶裥

窗帘头：正式且硬直

宽松位：2.5

零部件：挂钩，套环

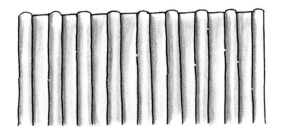

筒状褶裥

窗帘头：正式且硬直

宽松位：2.5

零部件：挂钩，套环

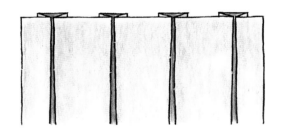

倒转式箱形褶裥

窗帘头：正式且硬直

宽松位：2.0~2.5

零部件：挂钩，套环

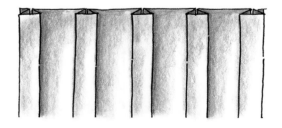

箱形褶裥

窗帘头：正式且硬直

宽松位：2.0~2.5

零部件：挂钩，套环

**箱形褶裥窗帘头与平行
绉缝式窗帘片**

窗帘头：柔软

宽松位：2.5~3.5

零部件：挂钩，套环

垂彩式扇形褶裥

窗帘头：下垂的

宽松位：2.5～3.0

零部件：挂钩，套环

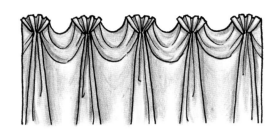

刀状褶裥

窗帘头：正式且硬直

宽松位：2.0～2.5

零部件：挂钩，套环

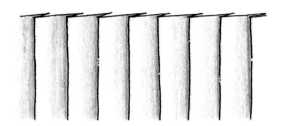

钉在顶部的法式褶裥

窗帘头：正式且硬直

宽松位：2.5～3.0

零部件：挂钩，套环

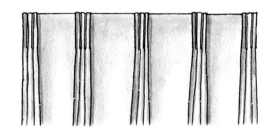

铅笔状褶裥

窗帘头：正式且硬直

宽松位：2.5～3.5

零部件：挂钩，套环

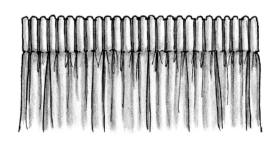

手风琴式褶裥

窗帘头：正式且硬直

宽松位：2.5～3.5

零部件：挂钩，套环

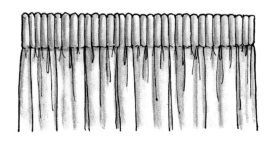

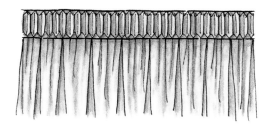

单个菱形带罩式褶裥
窗帘头：装饰用缩褶带
宽松位：2.5～4.0
零部件：挂钩，套环

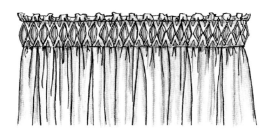

双重菱形的带罩式褶裥
窗帘头：装饰用缩褶带
宽松位：2.5～4.0
零部件：挂钩，套环

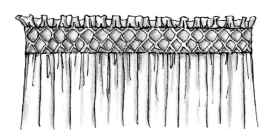

三重菱形的带罩式褶裥
窗帘头：装饰用缩褶带
宽松位：2.5～4.0
零部件：挂钩，套环

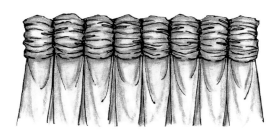

平行绉缝式的袖口
窗帘头：装饰用缩褶带
宽松位：2.5～3.0
零部件：挂钩，套环

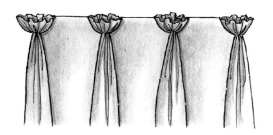

碗杯形褶裥
窗帘头：柔软
宽松位：2.5～3.0
零部件：挂钩，套环

有褶饰的袖口

窗帘头：缩褶的

宽松位：2.5～3.5

零部件：挂钩，套环

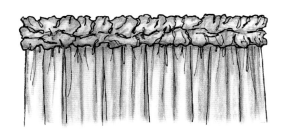

滚状袖口

窗帘头：柔软

宽松位：2.0～3.0

零部件：挂钩，套环

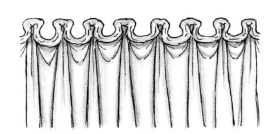

连线的荷叶边装饰

窗帘头：柔软

宽松位：2.0～3.0

零部件：挂钩，套环

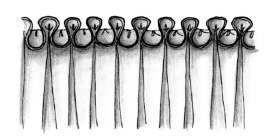

凸起钉住式褶裥

窗帘头：正式

宽松位：2.0～2.5

零部件：挂钩，套环

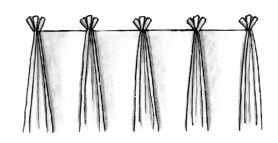

褶裥式窗帘头的变化形式

在组装窗帘头与设计窗帘头本身时所使用的材料类型多样，可以用来创造无数种风格。

其中，可利用的主要选择有：
· 正式的窗帘头
· 非正式窗帘头
· 扇贝形窗帘头
· 勺形窗帘头
· 垂彩式窗帘头
· 钉住式窗帘头
· 挂旗式窗帘头
· 完整的帷幔窗帘头
· 凸起式窗帘头
· 双层窗帘头
· 翻边窗帘头
· 有褶饰的窗帘头

接下来所展示的大多数变化形式可以与许多不同风格的褶裥一起使用，以此发挥你的想象力来为项目创作出完美的窗帘头。

正式窗帘头

传统的窗帘头通过采用硬麻布或硬衬布来使其加固。

非正式窗帘头

在窗帘头中不使用硬麻布或加固物。

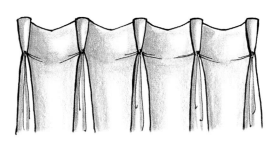

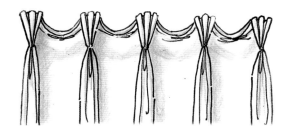

钉住式打皱窗帘头

把褶裥之间的窗帘头按褶裥的样式钉住，这样就创造出一组水平方向的褶裥。

扇贝形窗帘头

褶裥之间的窗帘头被剪裁成扇贝的形状。

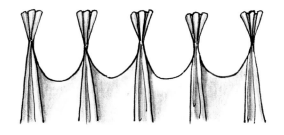

勺形窗帘头

褶裥之间的窗帘头呈勺状下垂至褶裥的基本位置以下。

完整的帷幔

帷幔与窗帘头合并，且两者褶皱在一起成为一个整体。

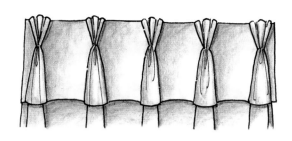

凸起式双层窗帘头

放置于主体窗帘头背面的滚边窗帘头，且彼此褶皱在一起成为一个整体。

装饰性窗帘头

使用装饰性的饰边来突出窗帘头的褶裥位置。

挂旗式窗帘头

在褶裥之间，挂旗同窗帘头合并为一体。

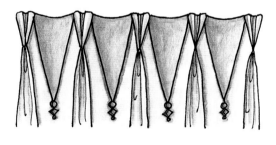

领带式窗帘头

领带式荷叶边被附着在主体窗帘上的褶裥部分，且褶皱在一起成为一个整体。

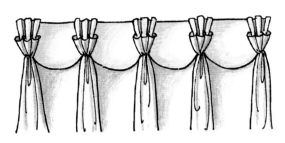

凸起的扇贝形双层窗帘头

整齐的滚边窗帘头被置于主体扇贝形窗帘头的背面，并且这两种窗帘头褶皱在一起。

闭合式杯状褶裥

窗帘上的褶裥部分延伸出来并彼此紧密地绑在一起。

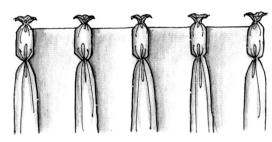

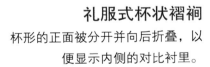

敞口式杯形褶裥

杯形的正面有一个敞口部分用来显示杯形内的衬里。

礼服式杯状褶裥

杯形的正面被分开并向后折叠，以便显示内侧的对比衬里。

玫瑰花蕾形杯形褶裥

窗帘头有一个凸起的滚边。杯形较短并且呈敞口状。上部的杯形塞有填充物。

带有蕾丝花边的围巾式窗帘头

一条围巾穿过褶裥之间的纽扣孔。

带有领结的杯状形褶裥

形成对比的领结从褶裥处穿过窗帘
上的纽扣孔。

带有皱边的杯形褶裥

打褶之前在褶裥处把皱边嵌到窗
帘片上。

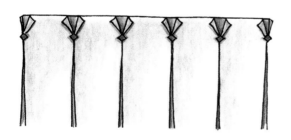

礼服式箱形褶裥

把箱形褶裥的入口处向后折叠并钉
在或压在适当的位置。

带有纽扣的倒转式箱形褶裥

纽扣用于装饰褶裥处的窗帘片表面。

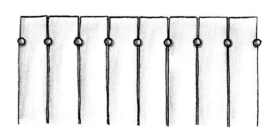

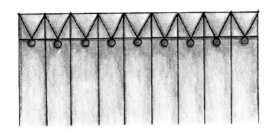

带有纽扣的礼服式褶裥
带有对比衬里和内衬的敞开式礼服褶裥，且经过剪裁并带有纽扣。

顶部有袋盖的箱形褶裥
窗帘头的箱形褶裥上有一个完整的扇贝形襻扣，且经过折叠后安置在窗帘片的顶部。

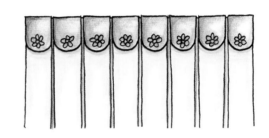

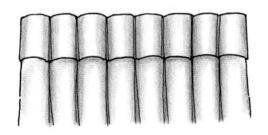

袖口式筒状褶裥
帘头折叠后在窗帘头处形成的一个袖口形状。

双层袖口式窗帘头
在窗帘头上有两层帷幔褶皱在一起成为一个整体。

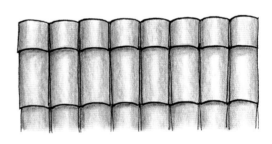

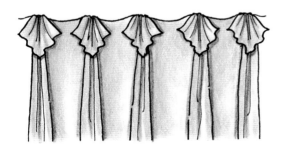

浅形褶裥与扇形挂旗
在打褶做成缩褶的扇形之前，先把三点位式的挂旗附加到窗帘头的顶部。

顶部带有挂旗的箱形褶裥

窗帘头的箱形褶裥上带有一个完整的挂旗，且折叠后置于窗帘片的顶部。

欧式褶裥与垂彩式窗帘头

褶皱的垂彩被置于窗帘头中的每一个褶裥之间。

带褶饰的筒状褶裥

布料上缩褶的部分添加到每个褶裥的根底处。

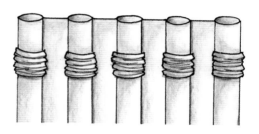

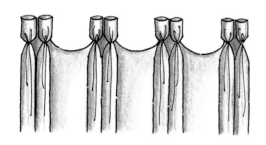

双层褶裥与扇贝形窗帘头

把褶裥聚集在一起组成一个具有趣味性的窗帘头。

褶裥装饰

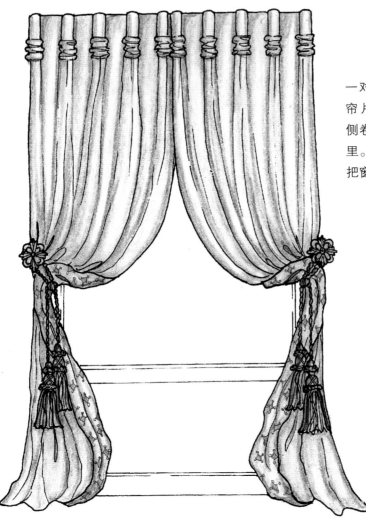

一对带有褶饰的筒状褶裥的窗帘片，在领边的边缘处向外侧卷起，从而显露出对比的衬里。超大号的正式窗帘钩用来把窗帘固定在适当的位置。

在这些带有欧式褶裥的侧帘上
镶着对比的滚边，且自上而下
地按宽度递增。一条帝国式垂
彩和与之相匹配的滚边位于顶
部的中间处。

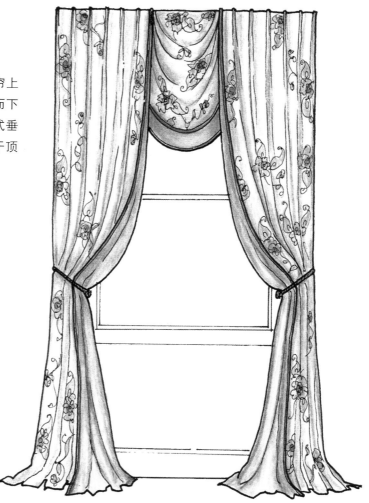

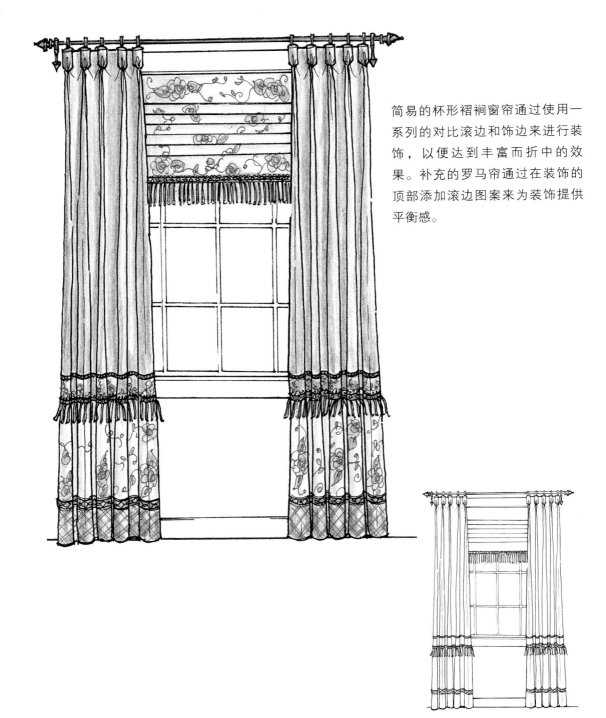

简易的杯形褶裥窗帘通过使用一系列的对比滚边和饰边来进行装饰，以便达到丰富而折中的效果。补充的罗马帘通过在装饰的顶部添加滚边图案来为装饰提供平衡感。

注意细节和良好的剪裁使这些
简单的倒转式箱形褶裥窗帘成
为一种高级时尚的装饰。利用
明线在窗帘头和窗帘片底部的
1/4褶裥处缝成V字形，从而在
折边处营造一种优雅的品质
感。

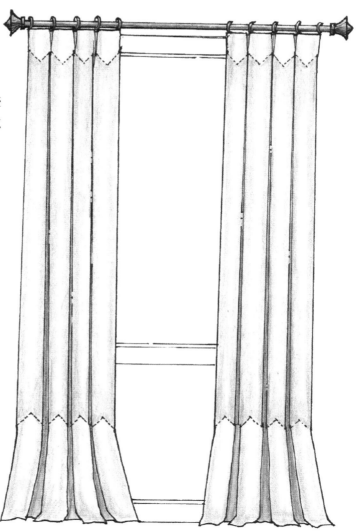

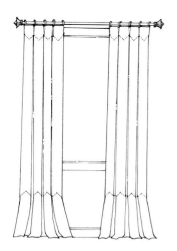

相衬的弓形帷幔的底部与窗帘都是浅形褶裥，并且通过对比贴边和带条来进行装饰。由对比布料遮盖住的底边被应用到褶裥的根基处，使装饰保持平衡。

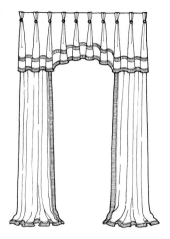

这个精美的三层窗饰包括从属窗帘的双层帘与附加上的帷幔。从属窗帘的顶层从第二个褶裥的位置开始，进而展示出大部分底边。其顶部呈扇贝形的帷幔添加在褶裥的根基处，然后把这三层帘子捏在一起形成褶裥。底边用来修饰褶裥，以及用于完成帷幔折边的串珠饰边。

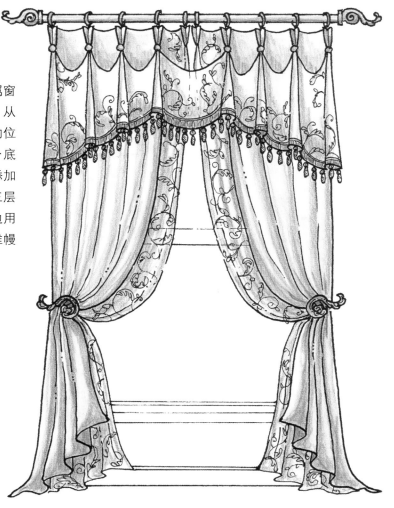

纵深的扇贝形窗帘头在捏成褶裥之前被镶上呈环结状的须边，以便创造出这些独特的窗帘。

图案：朱莉·安妮式窗帘

——佩特·梅多斯

这个剪裁考究的窗饰是通过在窗帘头上使用刀状褶裥来实现的。褶裥在每一个窗帘片上按相反的方向折叠，并且通过在两侧各缝一个纽扣，来把它们一起收拢在窗帘钩的位置。装饰性纽扣使位于窗帘头上的每一个简洁的褶裥突出。装饰下面的垂彩式罗马帘所展示的柔软感同整体装饰中锋利的线条形成鲜明的对比。

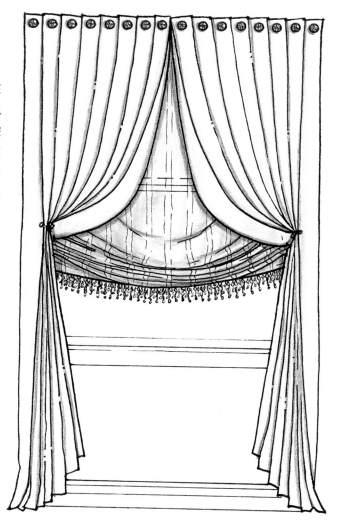

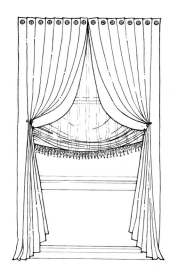

优雅的帝国式帷幔是一种箱
形褶裥，并且利用奢华的手
风琴式褶裥皱边来装点。帷
幔挂在有正式的团花的地
方，并且通过使用相匹配的
固定式侧帘来完成。

在这个窗饰中，由滚边布料和饰边组成的粗壮的垂直线通过零部件的水平线来使其保持平衡。一片逐渐下垂且褶皱的气球形帷幔安装在侧帘的后面，使设计变得柔和，并且调节光线以及提供私密性。

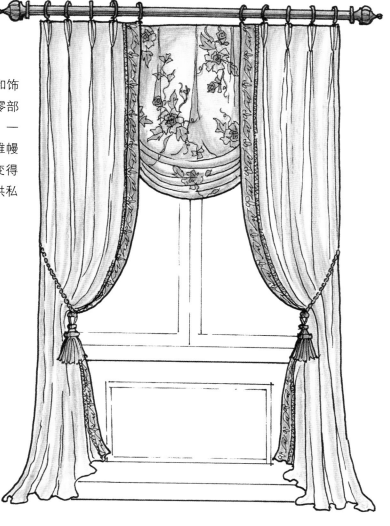

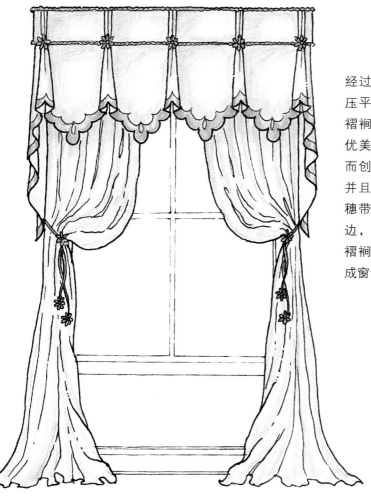

经过深度加强的窗帘头上带有压平并钉在顶部及底部的双层褶裥。然后，窗帘头通过使用优美的扇贝形滚边来装点，从而创造出一种带有女性特征的并且剪裁考究的外观。装饰性穗带被用来在窗帘头上做成滚边，连同丝绢花一起突出单个褶裥，两者一起收拢帘子，完成窗饰设计。

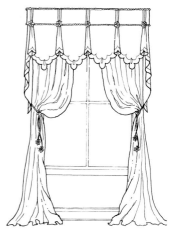

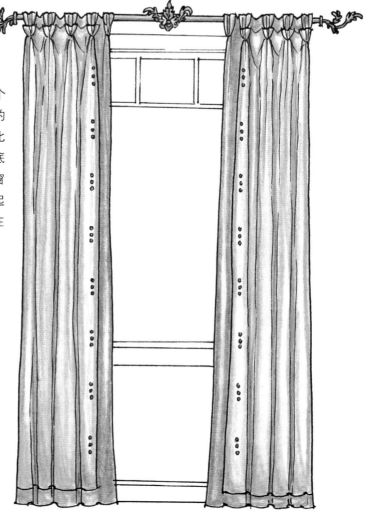

这个双层的窗饰顶部装有一个
比从属窗帘要小的一个单独的
窗帘片，这使底部窗帘的对比
色能够在窗帘头、领边以及底
部折边上显露出来。帘层在窗
帘头的位置上缩成褶并且一起
被缝在外侧的边缘上，然后在
领边的位置上扣紧在一起。

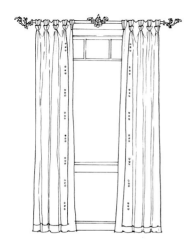

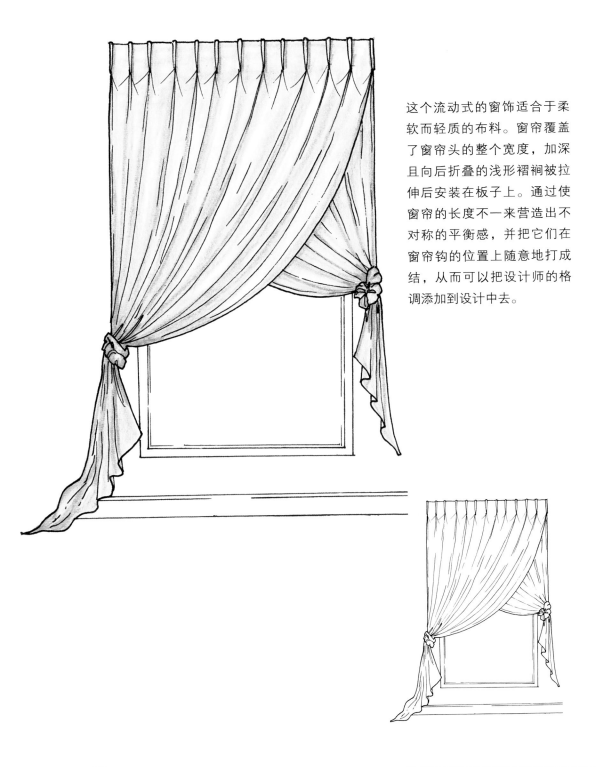

这个流动式的窗饰适合于柔软而轻质的布料。窗帘覆盖了窗帘头的整个宽度，加深且向后折叠的浅形褶裥被拉伸后安装在板子上。通过使窗帘的长度不一来营造出不对称的平衡感，并把它们在窗帘钩的位置上随意地打成结，从而可以把设计师的格调添加到设计中去。

一对简单的倒转式箱形褶裥的窗帘通过在其窗帘头、领边以及底部折边上增加一个对比的滚边而引人注目。褶裥上的装饰性纽扣为窗帘头添加了额外的趣味性。窗帘按照意大利式的捆扎方法被向后拉回得很高，以便营造出细长的轮廓。

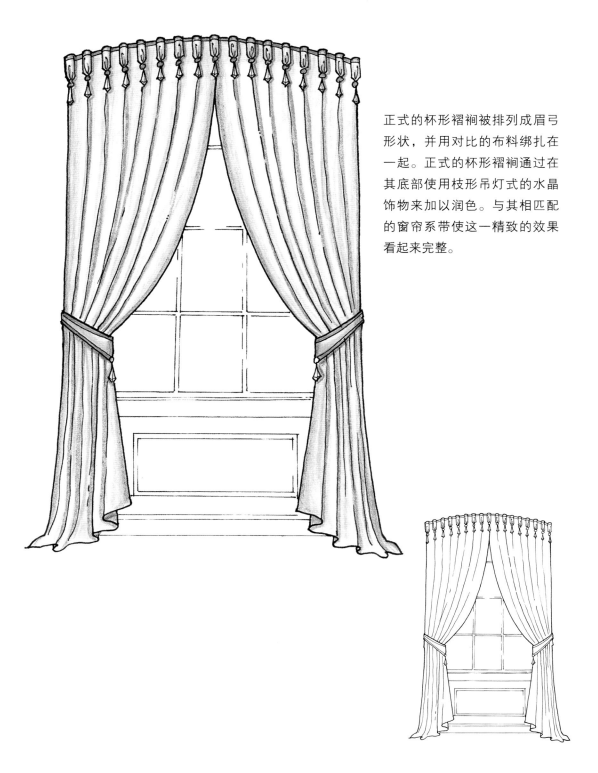

正式的杯形褶裥被排列成眉弓形状，并用对比的布料绑扎在一起。正式的杯形褶裥通过在其底部使用枝形吊灯式的水晶饰物来加以润色。与其相匹配的窗帘系带使这一精致的效果看起来完整。

在倒转式的箱形褶裥中，经过深度加强的窗帘头上镶有对比的带子，并通过褶裥顶部及根基部位的小蝴蝶结来进行装点。与其相匹配的窗帘系带使设计看起来完整。

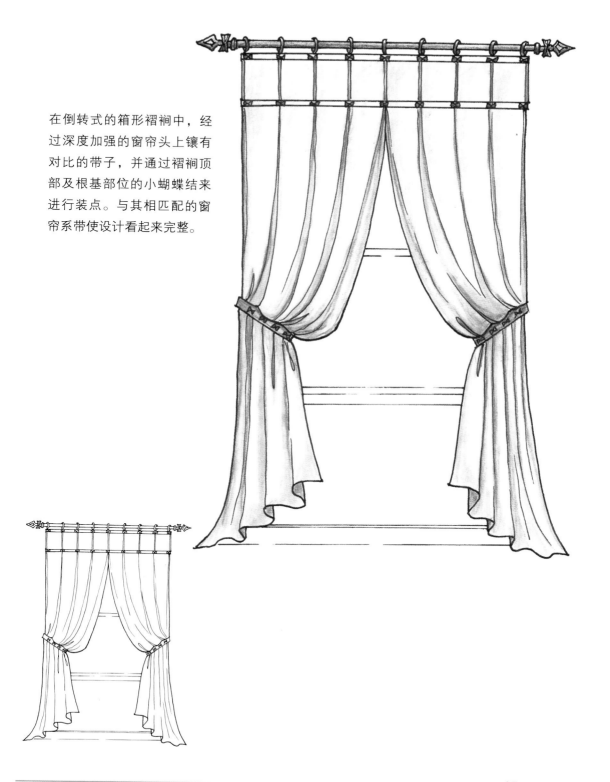

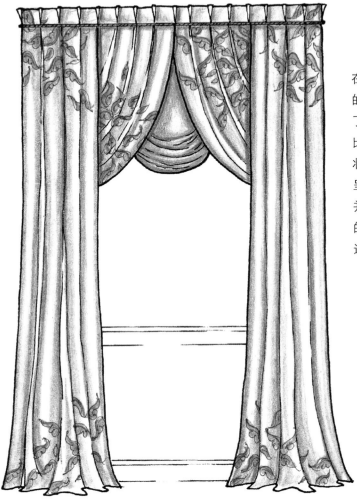

在这个窗饰中，三种截然不同的帘层为简单的装饰风格增添了维度。第一层是休闲式的对比垂彩，它使褶皱窗帘上的粗壮的垂直线变得柔和；第二层呈下垂状且置于侧帘的后面，并且被安装在位于衬托板下方的支架侧面；第三层装饰性穗边为窗帘头增添了连续性。

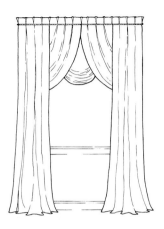

在每一个褶裥之间，这些顶部带有套环的窗帘在对比的布料中带有一个小的兜状挂旗。对比的底部滚边再现了窗帘头的颜色。

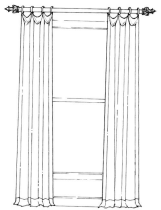

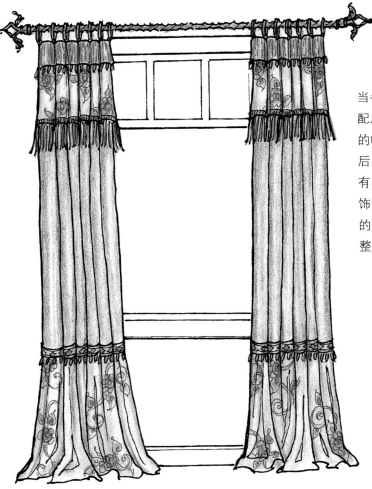

当各种各样的布料经过混合搭配后制成一种附加了多种布料的帷幔，以及对角剪裁的滚边后，这时扁平的窗帘会变得具有异国情调。大量配有珠状的饰边和金银条须边分隔开布料的边缘并使折中的效果更完整。

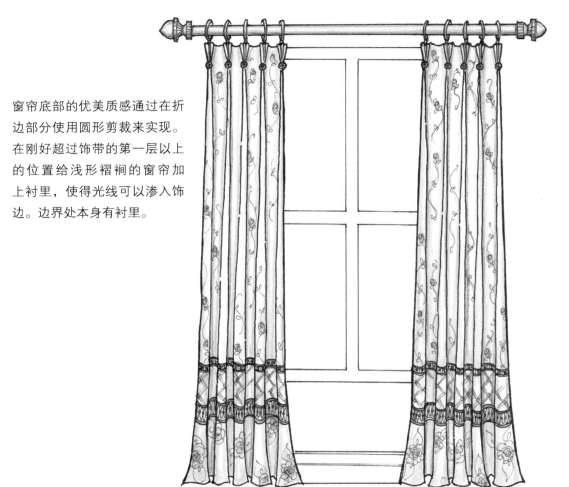

窗帘底部的优美质感通过在折边部分使用圆形剪裁来实现。在刚好超过饰带的第一层以上的位置给浅形褶裥的窗帘加上衬里，使得光线可以渗入饰边。边界处本身有衬里。

纵深的铅笔式褶裥作为窗帘的顶部，伴有大量的翻边且被安装在板子上以便用来调节安装在其下方的大量气球形饰帘。窗帘被往回拉拢到装饰顶部的1/3处，并只在此处通过金银条须边加以装点，然后须边在底部的折边处进行重复。

吊带式窗帘头

吊带式窗帘头利用套环、襻扣、带子、环结，以及金属扣眼等元素挂到窗帘片上。

· 带子、襻扣和带有套环的窗帘头可以使许多不同种类的、传统和非传统的零部件在垂直的位置上得以应用。

· 零部件既可以是轻质且休闲式的，也可以是奢华而正式的。

· 扁平的窗帘可以很容易地拆除并进行清洗或熨烫。

· 采用这些零部件具有成本效益，可以减少布料的使用量并且安装简单。

· 对于初学者而言，这些零部件很容易组装。

· 在扁平的窗帘上，始终要在整个窗帘头上加衬里以避免当挂钩之间的窗帘片下垂时，衬里显露在外面。

· 襻扣、带子和带有环结的窗帘头不能在窗帘杆上自如地操作。

· 套环和带有金属扣眼的窗帘头可以在窗帘杆上自如地操作。

· 可以考虑使用带有套环和金属扣眼窗帘头的窗帘杆，这样有助于拉开及闭拢窗帘并且减轻窗帘头的压力。

吊带式窗帘头提供了使用各种各样传统的和备选的零部件的机会。

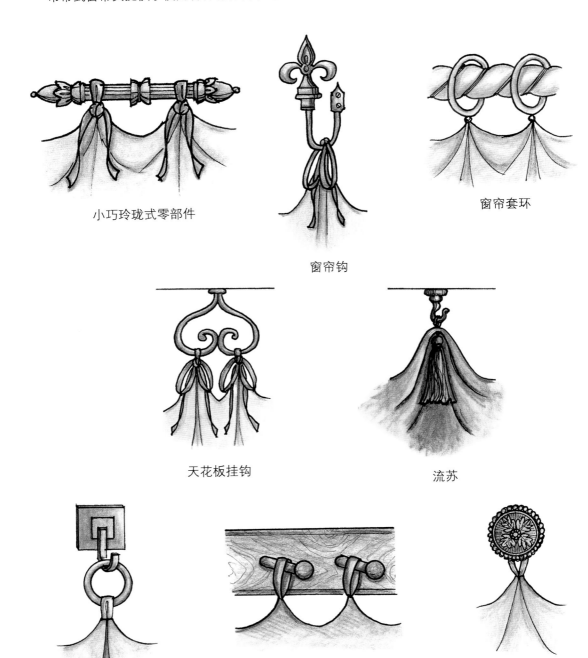

小巧玲珑式零部件

窗帘套环

窗帘钩

天花板挂钩

流苏

墙面挂钩

钉板

团花

基本的套环毛条

扁平窗帘上带有柔软或
正式的窗帘头。

宽松位：1.0～2.0

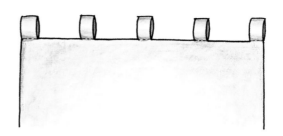

基本的套环毛条

扁平窗帘上带有柔软或
正式的窗帘头。

宽松位：1.0～2.5

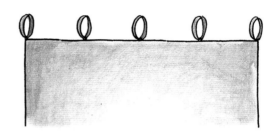

基本的打结式毛条

扁平窗帘上带有柔软或
正式的窗帘头。

宽松位：1.0～2.5

金属扣眼

扁平窗帘上带有柔软或
正式的窗帘头。

宽松位：1.0～2.5

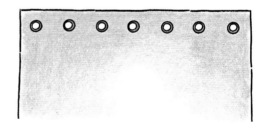

打成环的长丝带与弓形

扁平的扇贝形窗帘上，所有的边缘处都镶
着丝带且呈长弓形。

宽松位：1.0～2.5

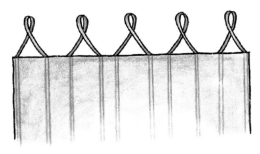

曲折式环结

扁平的窗帘上带有曲折的环结，且嵌入到窗帘头里面。

宽松位：1.0～2.0

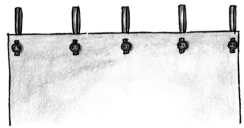

环结与纽扣孔

环结穿过纽扣孔并打上结。

宽松位：1.0～2.5

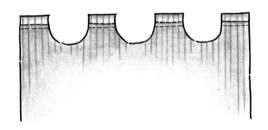

窗帘套杆式襻扣

位于扁平的扇贝形窗帘上的襻扣折叠到后面形成一个窗帘套杆。

宽松位：1.0～2.5

前或后打褶的襻扣

在箱形褶裥窗帘片上附加褶皱的打结领带。

宽松位：2.0～2.5

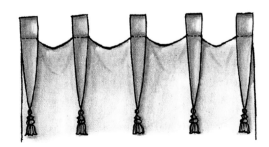

襻扣与挂旗

拉长的襻扣经过折叠后形成挂旗。

宽松位：1.0～2.5

扇贝形襻扣

扁平的扇贝形窗帘片。可以挂在套
环或挂钩上。

宽松位：1.0～2.0

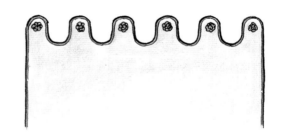

双V字形环结

扁平的之字形窗帘片上镶有环结和
饰边。

宽松位：1.0～2.0

双环结毛条

长的双环结被缝到位于扇贝形状之
间的窗帘头里。

宽松位：1.0～2.0

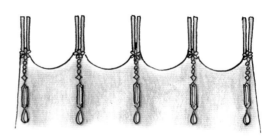

马镫形襻扣与套环

镫形物与绳环可以平坦地挂在把手
或挂钩上。

宽松位：1.0～2.0

折叠式襻扣

襻扣折叠后越过窗帘片的正面，并
利用装饰性的明线使其固定在适当
的位置上。

宽松位：1.0～2.0

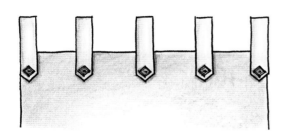

折叠式襻扣和纽扣

长的襻扣折叠后用纽扣固定住。

宽松位：1.0～2.0

缩褶的襻扣与垂彩式窗帘头

窗帘片的下垂部分放置在宽的襻扣之间，
并且褶皱成几列。

宽松位：2.5

越过窗帘杆的褶裥饰带状襻扣

越过窗帘杆的褶裥饰带被当作襻扣来制成
箱形褶裥窗帘片。

宽松位：2.0

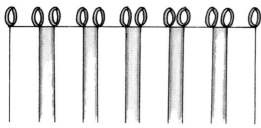

双套环

位于褶裥的两侧且带有套环的箱形褶裥窗
帘片。

宽松位：2.0～2.5

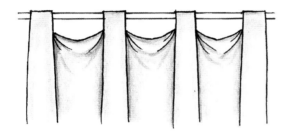

凸起式箱型襻扣窗帘头

箱形褶裥超出窗帘头的顶部，从而创造出
完整的襻扣

宽松位：2.0～2.5

带有玫瑰形饰物的长环结

被钉住的褶裥窗帘片与带有玫瑰
形饰物的长的丝带环结一起挂在
窗帘头的根基处。

宽松位：2.0～3.0

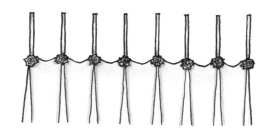

缩褶式襻扣

带有缩褶式襻扣的箱形褶裥式窗
帘片挂在每一个褶裥的顶部。

宽松位：1.0～2.0

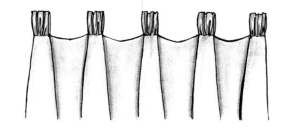

褶裥式襻扣

倒转式的箱形褶裥置于扇贝形窗
帘片中，并且顶部配有襻扣。

宽松位：1.0～2.0

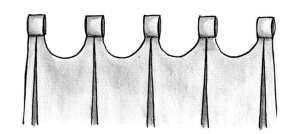

带有缩紧衣袖的缩褶式襻扣

衣袖的布料穿过一个宽的襻扣并缩紧
至架空线以下。

宽松位：2.0～3.0

有褶饰的褶裥窗帘头

褶裥在顶部通过褶饰来装点，并
且通过添加尾饰来提升窗帘。

宽松位：2.0～3.0

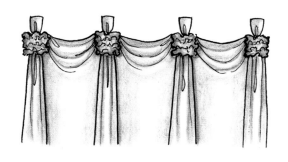

挂旗窗帘头

浅形褶裥式窗帘的顶部覆盖着下垂状的一点式挂旗，且通过襻扣来悬挂。

宽松位：2.0～2.5

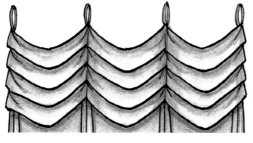

台阶褶裥状的袖口式窗帘头

这类窗帘头沿着表面向下打成褶，从而创造出层列式的袖口。

宽松位：2.0～2.5

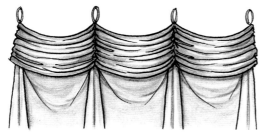

手风琴褶裥状的袖口式窗帘头

手风琴式褶裥把窗帘片上的窗帘头拖入到一个紧而褶皱的袖口里。

宽松位：2.0～2.5

之字形的荷叶边形窗帘头

短的之字形帷幔添加到这个箱形褶裥式的窗帘片上。

宽松位：2.0～3.0

圆锥形的荷叶边状窗帘头

这条褶裥式窗帘片上的帷幔在襻扣的位置被缩褶成圆锥形。

宽松位：2.0～3.0

苜蓿叶形的挂旗式窗帘头

带有褶裥的、苜蓿叶形的挂旗式窗
帘头呈倒转式，并附着在背面打成
结的环结上。

宽松位：2.0～2.5

层列式挂旗窗帘头

箱形褶裥式窗帘片，上面附有倒转
式的挂旗和长襻扣。

宽松位：2.0～2.5

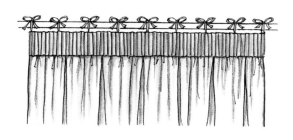

手风琴式褶裥窗帘头

系有领结的手风琴式褶裥窗帘头。

宽松位：3.0～3.5

平行绉缝式皱边窗帘头

长形的蝶形领结支撑着单面褶皱的窗
帘头。

宽松位：3.0～3.5

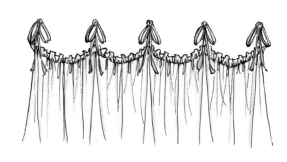

扇贝形窗帘头与箱形褶裥

箱形褶裥在顶部被系紧并用蝴蝶纽
扣来装饰。

宽松位：2.5

缩褶式襻扣与褶饰袖口

饰有宽的箱形褶裥和襻扣的扇贝形窗帘片，通过使褶饰袖口穿过襻扣来系紧。

宽松位：2.0

襻扣与蝴蝶状环结

有襻扣的倒转式箱形褶裥窗帘片上面的蝴蝶状环结穿过襻扣，扁平地挂在把手或挂钩上。

宽松位：2.0 ~ 2.5

环形式领结穿过纽扣孔

有纽扣孔或金属扣眼的扁平式窗帘片用于支撑长的反向环形领结。

宽松位：1.0 ~ 2.0

带纽扣的襻扣状长形领带

襻扣延伸出来的长度在正面折叠，在根基
处系紧，并且顶部用纽扣盖着。

宽松位：1.5～2.5

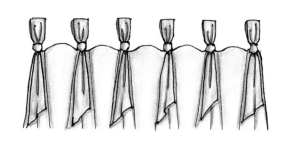

打结的凸起式褶裥

延伸的箱形褶皱式襻扣在根基处被打上
结。挂在挂钩或套环上。

宽松位：2.0～3.0

缩褶式襻扣与荷叶边装饰

加长的宽幅襻扣越过窗帘的表面，并用滚
绳在根基处系紧。

宽松位：2.0～3.0

吊带装饰

本案例采用柔软而轻质的布料时看起来效果最好。简洁的倒转式箱形褶裥通过在褶皱处使用交替的挂钩，从而为装饰增添了童话般的外观。古典式襻扣通过玫瑰形饰物和附有长蝴蝶结的装饰套环来修饰，并且褶裥在襻扣之前移动。为了避免位置移动，襻扣需要固定在窗帘杆上。用系在窗帘杆上的相称的玫瑰形饰物来装点长丝带与蝴蝶结是本案例的点睛之笔，这样窗帘被系在一起便形成了优美的垂彩。

在侧帘上，用丰富的金银条须边给袖口式窗帘头和底部折边镶上边，将侧帘挂在装饰套环上。简单而深垂的垂彩在折边处用相匹配的金银条来装饰，并挂在领边的两个套环之间，这样在装饰中间就形成了一个焦点。

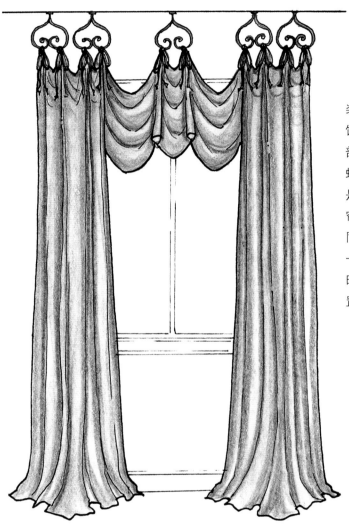

装饰性屋顶挂钩通过应用在窗饰设计中而得以完美展现。顶部打结的扁平式窗帘用长的蝴蝶结系在挂钩上。中间的垂彩是一个分离式断面，且系在侧帘带有蝴蝶结位置的挂钩上，同时又与相称的长蝴蝶结连在一起后挂在中间的挂钩上。同时，把褶裥钉在窗帘的中间位置以便使垂彩保持完整。

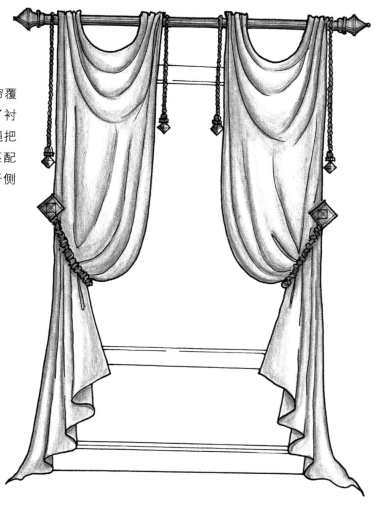

这条深垂状的敞开式窗帘覆盖在窗帘杆上，并且加了衬里。用褶皱的袖口式滚绳把窗帘系到后面。使用相匹配的装饰性滚绳来修饰位于侧帘两边的大号珠形饰物。

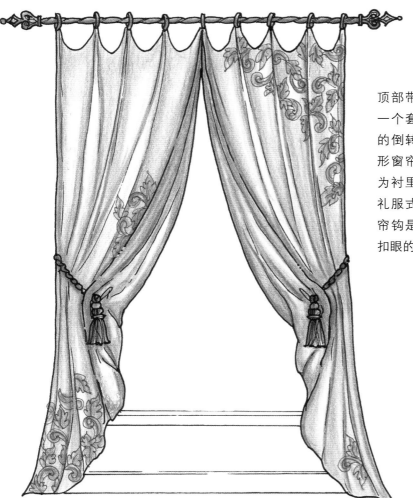

顶部带有套环的窗帘在每一个套环处各带有一个小的倒转式箱形褶裥。扇贝形窗帘头采用对比布料作为衬里并被拉到后面形成礼服式的风格。独特的窗帘钩是一个穿过窗帘金属扣眼的流苏。

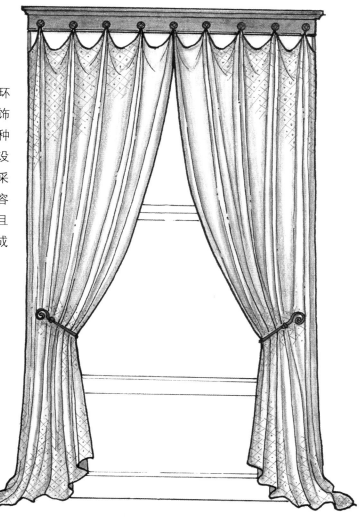

钉住式的褶皱侧帘上附有环结，并挂在这个镶有顶冠饰条的木质钉板条上。这是一种可以做成双面布料的通用型设计。只要加一个对比衬里并采用枕套接缝法，窗帘便能很容易地从销钉上滑落下来，并且可以随时转向另一侧从而形成一个全新的面貌。

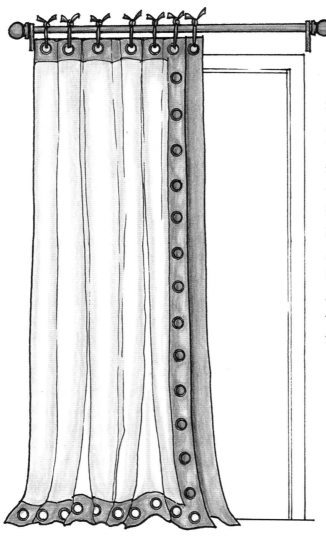

这个案例是如何创造性地使用金属扣眼的典范。窗帘的顶部展示了在窗帘头、领边，以及底部折边上的带有衬里的对比滚边。大号金属扣眼均匀地分布在领边的整个长度和底部上。两个窗帘片系在窗帘头上，只有底部的窗帘片延伸到了顶部窗帘之外。延伸出来的距离等于滚边的宽度。然后使长的蝴蝶结穿过金属扣眼并依次系在窗帘头上，这样整个窗饰便被挂了起来。

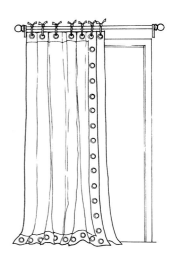

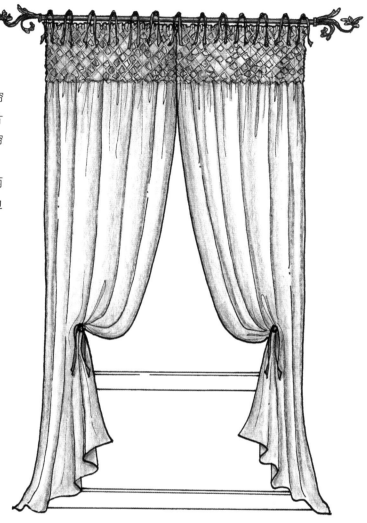

一种额外加深的罩衣式窗帘
头覆盖了这些完整的窗帘片
的顶部。长条领带缝在窗帘
头上并绕着窗帘杆打成结。
窗帘通过意式细绳拉回到两
侧，并且细绳的末端在领边
的位置处打上结。

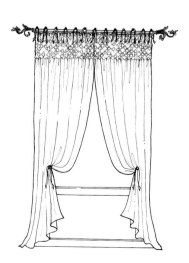

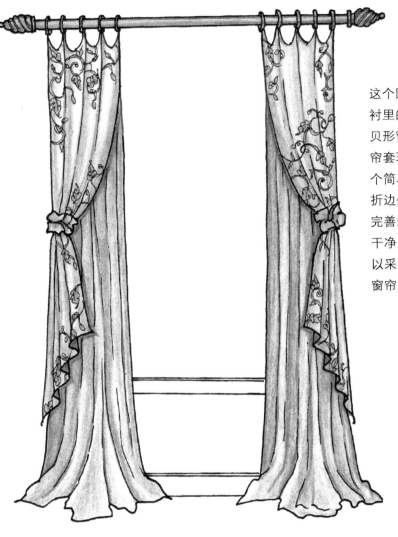

这个固定式窗饰由侧帘和加了衬里的毛条窗帘组成。带有扇贝形窗帘头的毛条窗帘缝在窗帘套环上。在毛条窗帘上打一个简单而随意的结，并通过在折边处创造一种瀑布状花边来完善外观。如果想创造出一种干净又正式的瀑布状花边，可以采用单独的一块布料在毛条窗帘周围打上结。

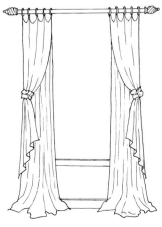

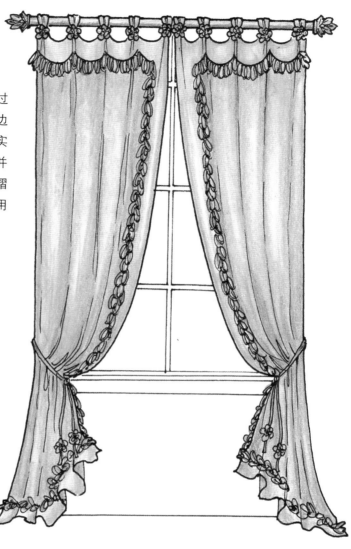

这种非常女性化的外观通过在主体窗帘和窗帘片的滚边上嵌入带状的环结须边来实现。整个滚边都加了衬里并且窗帘头呈扇贝形状。缩褶的襻扣和长的缎带式挂钩用玫瑰形缎带来修饰。

褶皱的翻边窗帘头与完整的帷幔组成了简洁的侧帘。丰富且形成对比的木制流苏须边和正式的窗帘钩支撑着襻扣，赋予了窗饰典雅的气质。

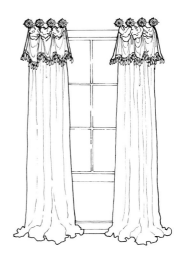

扁平的窗帘通过增添附加
的、呈角度的帷幔，以及在
折边处增添相应的滚边来使
其具有不俗的外观。用于帷
幔和折边处的滚边的对比布
料突出了锐角。

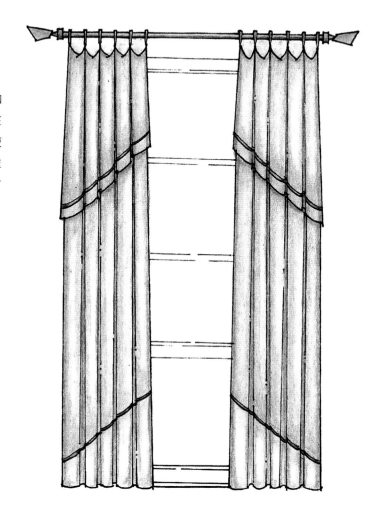

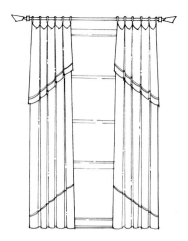

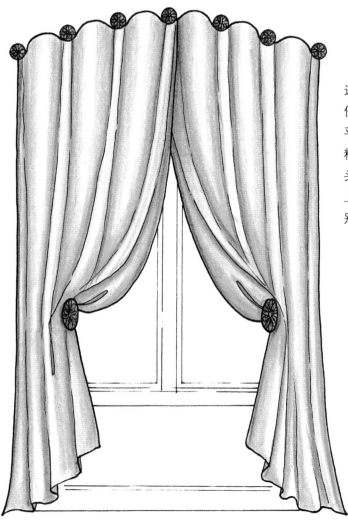

这个简洁而又突出的窗饰案例展现了一个呈眉弓状且扁平加强的正式窗帘头。布料环结均匀地分布在窗帘头上，以便使窗帘系在团花上。窗帘加了衬里并卷起来别在团花的后面。

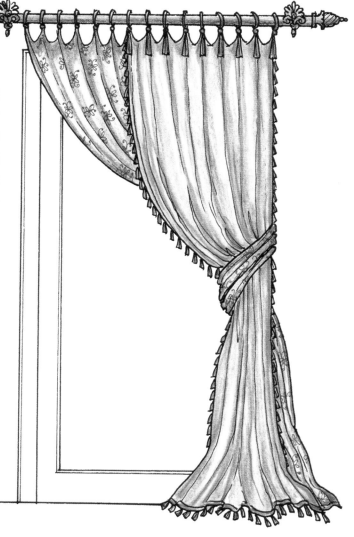

这条窗帘由装饰套环和挂在上面的扇贝形窗帘头组成。毛条窗帘通过加入内衬和衬里来营造饱满的感觉。套环用钥匙状流苏来装点；领边、底部，以及外侧边缘则通过流苏须边来装饰。第二层窗帘加了衬里并且做得额外长，这样便可以沿着主体窗帘缠绕着。通过用一个隐藏的窗帘钩托架使第二层窗帘固定在适当的位置。

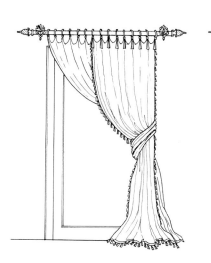

一系列添加衬里的独立式垂彩分层次地创造出了一个可爱的、交织着互补图案及颜色的窗饰。敞开式垂彩在主体布料与补充布料之间进行交替，并且挂在装饰团花上。下垂式毛条窗帘同互补的布料排成一行并以不同的长度缝好折边，从而创造出一种不对称的平衡感。用一个长的互补带子把毛条窗帘系成主教式袖口。这个案例需采用轻质的布料以避免布料过多地堆积在顶部。

挂在团花上的短款垂彩与
翻转式袖口系在大的侧帘
上。小的倒转式褶裥钉在
垂彩上，而挂在每一个团
花上的窗帘片为装饰增添
了立体感。

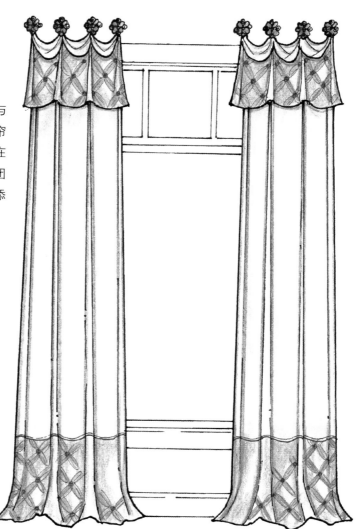

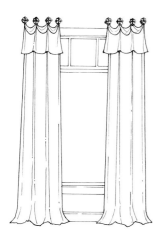

本案例同P127案例风格类似，设计中通过去掉底部滚边和对比布料而使其简化。同时，通过只使用一种图案来达到优美而统一的设计效果。

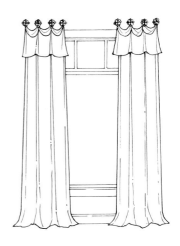

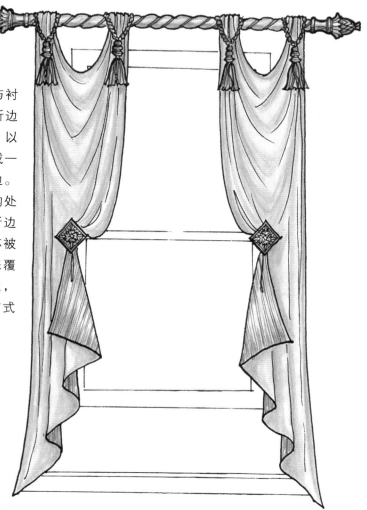

下垂式窗帘采用内衬与衬里作为对比布料。将折边裁剪成带有一定角度，以便在窗帘钩的位置形成一种升降式的瀑布状花边。领边被拉回钉在窗帘钩处以便显露出衬里并在折边处形成一个对角。流苏被钉在窗帘杆上并垂下来覆盖在下垂式的窗帘头上，从而强化了垂彩的瀑布式效果。

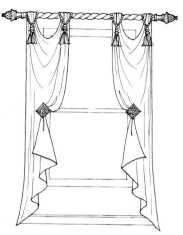

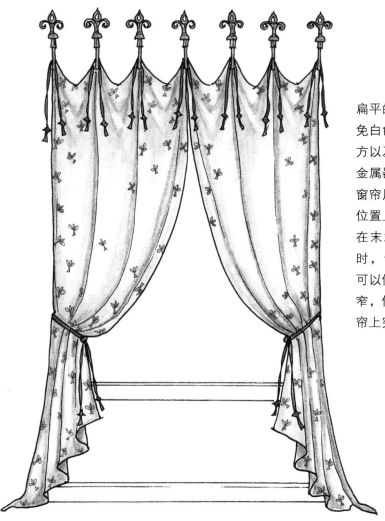

扁平的系带式毛条窗帘加了衬里以避免白色的衬里显露在窗帘头下垂的地方以及挂钩处。零部件由仰首朝上的金属器具组成，作为窗帘挂钩使用。窗帘用一个特别长的带子系在挂钩的位置上，带子通过水晶珠子来装饰并在末端打上结。当指明挂钩的用途时，询问一下供应商看看挂钩是否可以做一下改良以便使翻边的距离变窄，例如2″。这样就避免了在单片窗帘上突出的部分过大。

这个窗饰案例展现了如何创造性地使用缩褶襻扣。窗帘头呈角度地从中间倾斜，襻扣也随之逐渐增长，从而使其看起来像挂在一个角度上。褶皱的袖口遮盖着窗帘片与襻扣之间的缝合线，并把宽的襻扣向内系紧以此营造出一种饱满的感觉。折边处的圆形滚边与条纹通过在窗帘的底部使用装饰带来增添时尚感，这与时尚的襻扣以及垂直折叠的翻口相呼应。

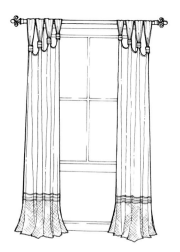

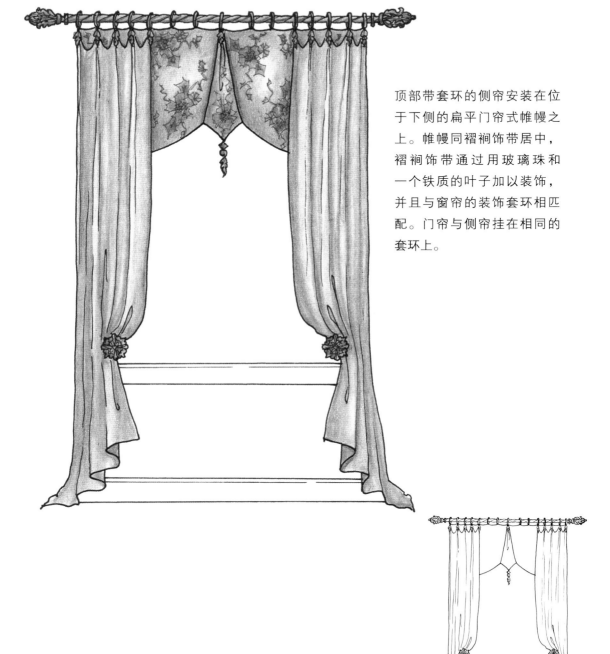

顶部带套环的侧帘安装在位于下侧的扁平门帘式帷幔之上。帷幔同褶裥饰带居中，褶裥饰带通过用玻璃珠和一个铁质的叶子加以装饰，并且与窗帘的装饰套环相匹配。门帘与侧帘挂在相同的套环上。

窗帘头上的扇贝状装饰，以及在古典且顶部有襻扣的帷幔折边处的扇贝状装饰使窗帘的表面显得很精致。这种装饰手法用于展示大的图案很理想。相对比的珠状穗突出了下摆线上递进式的尖顶装饰。

套杆式窗帘头

窗 帘杆套是由布料片顶部折边向后折叠，用明线在表面进行缝合从而形成一个敞口式的套袋，以便使窗帘杆可以插进去。

- 套杆式窗帘头可以结合经济型零部件使用。
- 由于结构简单，因此套杆式窗帘头可以节约成本。
- 同款窗帘头可以搭配笔直或外形经过特制的窗帘杆。
- 窗帘头容易拆卸，并便于放平后清洗或熨烫。
- 窗帘杆套可以应用于窗帘的顶部和底部。
- 窗帘杆套直径应是使用的窗帘杆直径的 $2 \sim 2^1/_2$ 倍，以便使窗帘杆很容易插入并避免打褶。
- 始终采用颜色协调且耐用的线来给窗帘杆套缝边。
- 套杆式窗帘头风格既可以是休闲的，也可以是正式的。
- 对于有针线活手艺的居家妇女而言，套杆式窗帘头组装时简单方便。
- 在窗框杆子上呈褶皱，且简易的单套杆式窗帘头对于大多数的顶部装饰而言是一种物美价廉的固定式侧帘。
- 套杆式窗帘不适合作为功能性窗帘，并且不会在窗帘杆上打开或闭拢。
- 必须为窗帘的长度留出所占用的容差，因为一旦在窗帘杆上打了褶，窗帘就会变短。

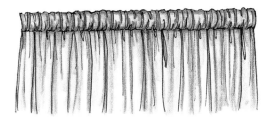

单个窗帘杆套

宽松位：2.5～3.0

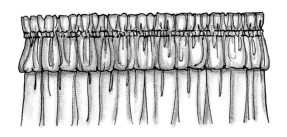

顶部与底部呈气球状褶边的窗帘杆套

宽松位：2.5～3.0

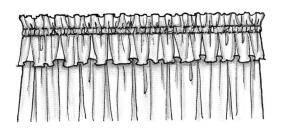

顶部与底部带有褶边的窗帘杆套

宽松位：2.5～3.0

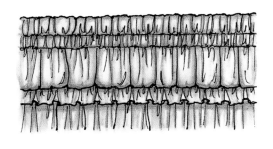

窗帘杆套顶部和底部呈气球状的褶边，同时底部有褶边

宽松位：2.5～3.0

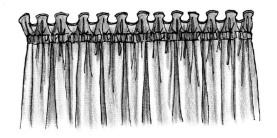

带有顶部连线式褶边的窗帘杆套

宽松位：2.5～3.0

顶部有褶边的窗帘杆套

宽松位：2.5～3.0

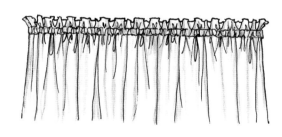

有气球状褶边的窗帘杆套

宽松位：2.5～3.0

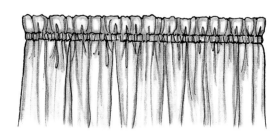

顶部有皱边的双层窗帘杆套

宽松位：2.5～3.0

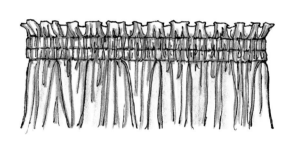

带有荷叶边装饰的窗帘杆套

宽松位：2.5～3.0

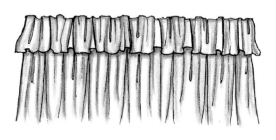

顶部有褶边且底部有挂旗
的窗帘杆套

宽松位：2.5～3.0

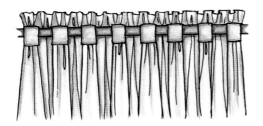

有顶部褶边和扁平的带状环结
的窗帘杆套

宽松位：2.5～3.0

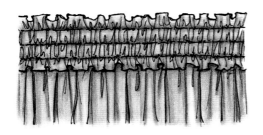

顶部和底部有褶边的双层窗帘
杆套

宽松位：2.5～3.0

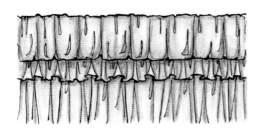

顶部有气球状荷叶边且底部有褶
边的窗帘杆套

宽松位：2.5～3.0

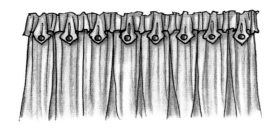

带有纽扣朝下的扇贝形荷叶边
的窗帘杆套

宽松位：2.5～3.0

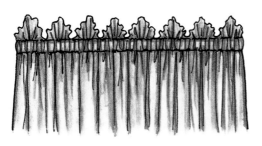

顶部有之字形褶边的窗帘
杆套袋

宽松位：2.5～3.0

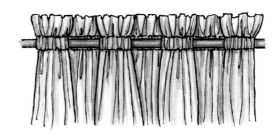

有顶部褶边与缩褶式带状环结
的窗帘杆套
宽松位：2.5～3.0

窗帘杆套占用的部分

当布料在窗帘杆上打褶时，长度因为杆子的直径会被占用一小部分。因此，必须增加额外的长度，以便使窗帘挂起来后可以达到预期的长度效果。

窗帘杆套占用部分的容差

窗帘杆大小	窗帘杆套大小	占用部分
椭圆形窗帘杆	1 1/2″	1/2″
3/4″ 帷幕杆	1 1/4″	1/2″
1 3/8″ 的杆子	3″	1 1/2″
2″ 的杆子	4″ ～ 4 1/2″	2″
2 1/2″ 的扁平杆子	3 1/2″	1/2″
4 1/2″ 的扁平杆子	5 1/2″	1/2″
尖顶/附加的欧式风格	7″ ～ 8 1/2″	2″ ～ 3″

*要计算用在多种窗帘杆装饰上的每个窗帘杆所占据的容差

窗帘杆套装饰

带有居中下降式垂彩的波云状帷幔，两侧有两片薄的拖地窗帘。这三部分装饰在附有长形褶边的窗帘杆套上缩成褶。

这条装饰丰富的套杆式窗帘
分别在两个位置上由意大利
式铅绳收起来。使用厚重的
内衬可以为本窗饰增添体积
感。

奢华的打结式流苏用于修饰位于
这条单褶边窗帘上的套杆式窗帘
头。打结式流苏用丝带镶成边并
用来扎起窗帘。

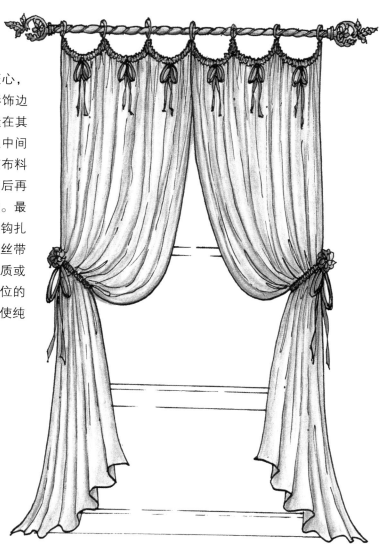

本案中的窗帘头设计独具匠心，通过使用一系列大的扇贝形饰边而形成，同时将窗帘杆套缝在其上。丝带从每个扇贝形饰边中间的纽扣孔中穿过，这样可使布料按照预想的宽度抽成褶。然后再把丝带系成一个长的蝴蝶结。最后将窗帘用带褶边的窗帘挂钩扎起来并用玫瑰形饰物和长的丝带蝴蝶结加以修饰。若采用轻质或透明薄纱布料，只能是宽松位的三倍。利用枕头套式的折边使纯质薄纱对齐。

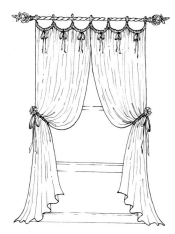

单片铅笔状褶皱窗帘是一种加了内衬和衬里的对比布料，并且镶着扁平的丝带须边。窗帘由领边处的枕套缝边及底部折边组合而成，这样层次之间可以在扎起时蓬松地敞开以便营造出一种饱满的外观。窗帘安装在板子上，并通过添加漂亮而又非对称的装饰性团花来完成装饰。窗帘用装饰绳扎起来并挂在长的团花一侧。

一对对比的围巾式垂彩拉下来穿过窗帘杆套装饰的表面，并用长的丝带蝴蝶结系在适当的位置上。垂彩采用一边有对比的褶边来加以修饰。

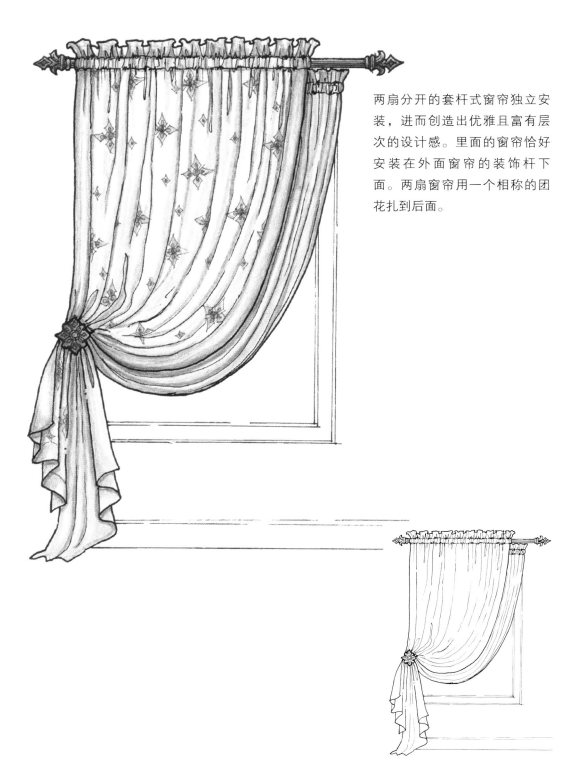

两扇分开的套杆式窗帘独立安装，进而创造出优雅且富有层次的设计感。里面的窗帘恰好安装在外面窗帘的装饰杆下面。两扇窗帘用一个相称的团花扎到后面。

本案单片窗帘附有带褶边窗帘头的窗帘杆套，用布料来作为衬里。通过把窗帘向外卷起而使衬里显露出来，并且在扎起的位置形成瀑布状花边。确定瀑布状花边的具体位置并做一个环结系在此处，以便确保窗饰能够随时保持这种风格。用互补布料做成的玫瑰形饰物为窗帘头增添了视觉上的趣味感。

本案窗饰的里层由简易的套杆式侧帘组成，且侧帘挂在附有系带杆的墙上。形成对比的顶部装饰是一个欧式窗帘杆套以及附有之字形折边的之字形皱边帷幔。休闲式垂彩与褶裥饰带用窗帘布制成并同对比的布料排列在一起为帷幔增色。设计的最后，在每个垂彩的顶点处各添加一个带叶子的天鹅绒制的玫瑰形饰物。

这个单片且顶部有褶边的套杆式窗帘通过添加了俯冲的围巾式垂彩，以及拖地式披肩而成为一种高级的时尚装饰。加了衬里的围巾，在其每一个顶点的位置上添加带叶子的甘蓝饰物，并作为元素装饰在垂彩的两侧。这种设计方案在窗帘扎起的位置重复出现。窗帘的瀑布式折边至少要有12″的镶边，以便确保衬里不会显露在表面。

这款设计由倒转式的窗帘杆套和V字形的帷幔组成，且帷幔在倒置的窗帘杆上打成褶，然后把帷幔从窗帘杆的背面翻过来，形成一种瀑布式的外观。窗帘杆套应该固定在窗帘杆上以避免其滑落到前面。垂彩从挂在帷幔表面的团花处悬垂下来。侧帘挂在下面单独的一个窗帘杆上。这种风格也可以通过帷幔安装在板子上来实现。

通过在帷幔的领边和底部镶着
对比的滚边来增强套杆式窗帘
的装饰效果。帷幔的领边在其
底部有一个柔和的圆角。滚边
沿着窗帘的领边和底部折边重
复着且滚边里侧的拐角处有圆
角。滚边的布料打成结后，再
一次直接被系在杆子的中间形
成蝴蝶结状，从而把单独的两
片窗帘连接在一起形成一个统
一的窗饰。

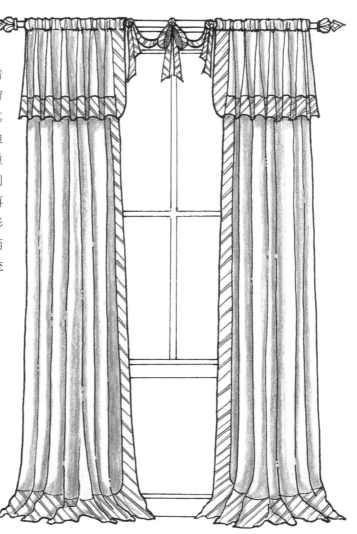

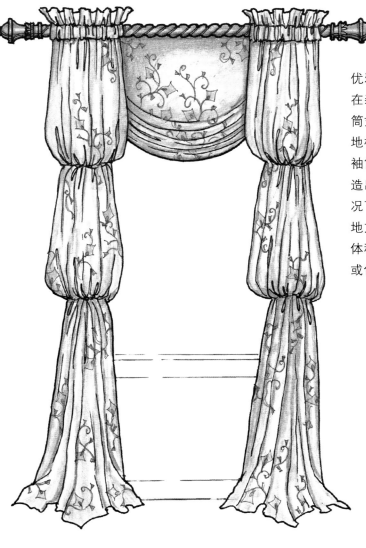

优雅的下垂式门帘经由板子安装
在装饰杆的后面。两侧的主教袖
筒式窗帘华丽地垂落下来并拖到
地板上。门帘的垂落部分与主教
袖筒的形状彼此形成互补,并营
造出一种和谐的韵律感。多数情
况下,需要在主教袖筒中蓬起的
地方加一些衬垫以便使袖筒具有
体积感。利用家具装饰用的棉絮
或包装纸可以达到预想的效果。

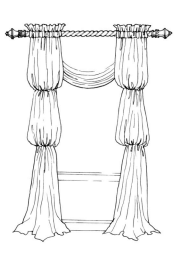

在这个窗饰中的固定式侧帘上，窗帘头的一侧带有褶边，并且聚合在缩褶带上。里侧的敞开式垂彩安装在一个板子上并悬挂在装饰杆的下面。第二层对比的围巾式垂彩挂在侧帘的后面，并且用相称的蝴蝶结扎起来系在杆子上。覆盖着布料的窗帘装饰头为这款设计增添了点睛之笔。

礼服式窗帘

礼服式窗帘

礼
服式窗帘是一种带有褶裥的、平行绉缝式的或扁平的窗帘。礼服式窗帘的领边以一个或多个点来折叠，从而创造出一种半正式的礼服领或帐幕式的扁平效果。

· 礼服式窗帘本身必须带有衬里，或者采用对比或互补的布料做衬里。
· 礼服式窗帘必须由枕套缝合法组成。
· 礼服式窗帘是固定式的且不能横行地拉开或闭合。
· 礼服式窗帘不适用于可以看到很不错的风景的窗户，因为窗帘差不多会遮盖住玻璃表面的一半。
· 礼服式窗帘可以是大面积的、扁平的表面，并且适合于带有大图案的布料。
· 由于制作时所用的布料很少，因此礼服式窗帘可以作为一种节俭的方案。
· 始终要给礼服式窗帘加入内衬，以便给扁平的或略有缩褶的布料增加体积感。

礼服式装饰

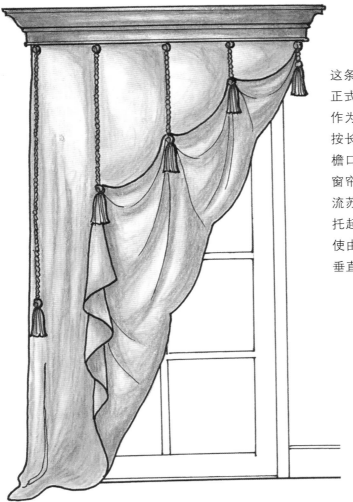

这条单边窗帘的顶部安置着一个正式的木制檐口且采用互补布料作为衬里。五种长度不一的穗带按长度依次递增，打上结并系在檐口的底部。穗带的另一端穿过窗帘领边的纽扣孔并利用钥匙状流苏固定住。末尾的穗带不用来托起窗帘，但把它包含在内可以使由其他长度的穗带组成的重复垂直元素更完整。

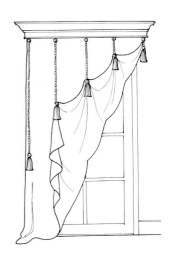

这款令人愉快的设计是对多功能性的一种研究。套杆式窗帘用对比的布料作为衬里并且在两侧镶着滚边，这样窗帘就成了双面布料。装饰性纽扣沿着外侧的滚边依次排列，这样可以使窗帘折叠后以礼服的式样扣在上面。窗帘被扣得越高，照进空间里的阳光就越多。

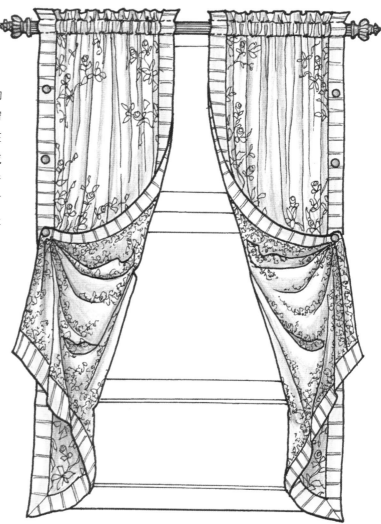

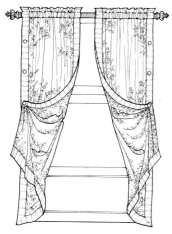

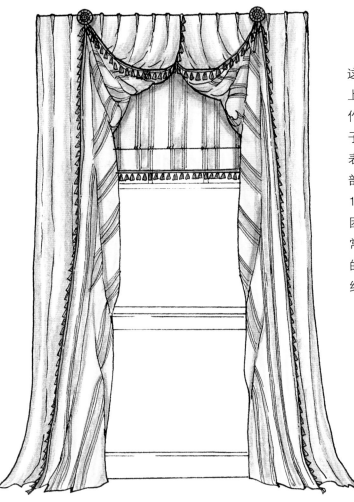

这条浅形褶皱窗帘安装在板上并采用引人注目的条纹布作为衬里。团花被安置在板子的防尘罩上以便从装饰的表面凸出。环结缝在领边顶部的滚边里且在窗帘位置的1/3处。把环结提起来并挂在团花上，从而形成了一个非常高的礼服式下垂物。相衬的滚动式遮阳帘用于调节光线并提供私密性。

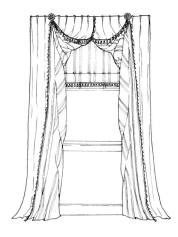

定制的箱形褶裥在其每一侧都带
有环结。这款设计专门用来搭配
这个独特的零部件。每一个褶裥
的宽度同团花的宽度相同，并且
两侧系着带子使其看起来就好像
是褶裥的延伸。褶裥在领边处重
叠，从而避免在中间的位置上出
现两个并列的褶裥。当窗帘被翻
过来时，对比的衬里就显露在外
面。

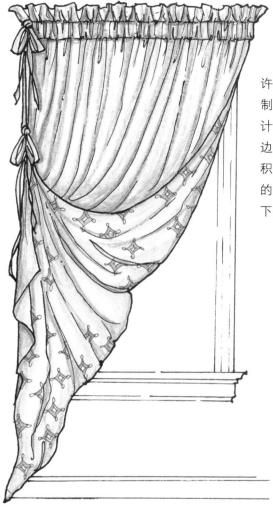

许多礼服式窗饰设计看起来都是定制的或显得男性化。诸如此类的设计同这条窗帘有所不同。一侧有褶边的套杆式窗帘头给窗帘增添了体积感，而长丝带与蝴蝶结按照布料的流动式瀑布造型托起了礼服式的下垂物。

扁平的窗帘在中间的位置上被拉起后形成了一个休闲式的垂彩，并在本案窗饰中形成了一个焦点。顶部的杯形褶裥窗帘采用对比的布料作为衬里，其延伸出来的部分系在位于窗帘1/2处的领边上，从而形成了穿过窗帘表面且下垂的礼服式下垂物。下垂物被挂在窗帘两侧的团花上。

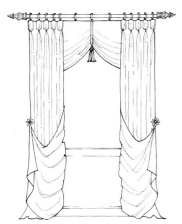

定制的扁平状礼服式窗帘通常专为男性化的设计而保留。此处，窗帘通过采用颜色柔和而协调的布料以及花卉图案来塑造出女性美的天资。

许多时候，少即是多，正如这条简单且安装在内侧的扁平式窗帘，通过采用对比的布料做衬里。拉起系在窗帘上的环结并把它挂在有团花的位置上，这样衬里就显露出来了。

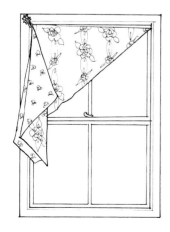

拱形窗饰

拱形窗饰

拱形窗饰有其自身独特的一套设计机遇与挑战。

拱形包括两种最常见的类型：

全拱。由一个完整的半圆形构成的拱形且可以从侧面向外延伸。

眉弓形。一个稍微凸起的拱形，类似于眉毛的曲线。

当测量一扇拱形窗户或开始一项安装在内侧或外侧的窗饰时，始终要做一个模板以确保准确性。

可供窗帘选择又可以被用在拱形窗饰上的零部件是有限的。

· 大多数的拱形窗饰都安装在板子上。

· 横杆不能用于拱形窗饰。

· 大多数垂彩装饰在拱形窗饰中不能做横向的调整。

· 不能使用带套环的窗帘杆。

· 定制的且带有挂钩的铁质拱形窗帘杆被焊接在适当的位置以供使用，并且可以用来挂住襻扣或系窗帘。

· 长的窗帘通常必须挂在挂垂彩的板子上或挂在单独的板子上，也可以挂在系带杆上。

复杂且定制的铁质王冠装饰着这条优美的包头巾式垂彩的顶部以及垂至地板的瀑布状花边。缎带与流苏须边镶在垂彩的领边与瀑布状花边的底部折边上，垂彩与窗帘都用对比的布料作为衬里。把褶皱的包头巾式垂彩扎起来放到窗帘的后面，便形成了重复的俯冲式线条。

这条美丽的且带衬里的包头巾
式垂彩与挂在中间位置的尖形
门帘构架了这扇拱形窗饰。垂
彩与门帘都镶着丰富的须边，
并且通过一个垂至地板并加了
衬里的翻转式瀑布状花边来加
以突出。瀑布状花边的顶部呈
褶皱状，并且在底部的折边处
镶着须边。通过在门帘的中间
安装一个刺绣的团花来形成一
个交点。

重叠的拱形窗帘，在其顶端放置着深的杯形褶裥。拱形窗帘被装饰有甘蓝饰物的托架扎了起来。被扎起的窗帘在两侧形成了细长的瀑布状花边。

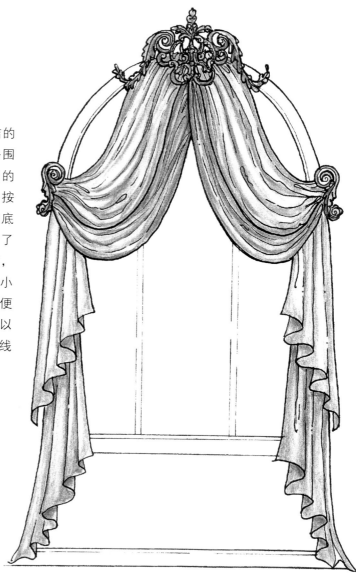

这个精心设计的窗饰以其简洁的构造方式而引人注目。在两条围巾式垂彩中每一条都采用不同的布料且长短不一，且有衬里并按照一定的角度来缝边，从而在底部形成陡峭的瀑布状花边。为了在装饰的顶部形成必要的宽度，围巾应当系在王冠下面的一个小的滚边处。随后，围巾的末端便从托着垂彩的位置垂下来。可以采用花卉线或带有颜色的绣花线来把末端固定在适当的位置上。

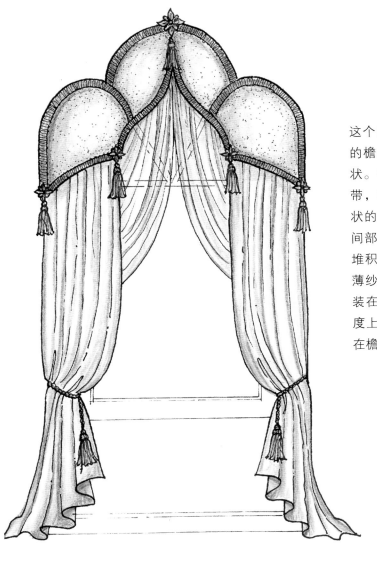

这个灵感来源于古怪的阿里巴巴的檐口改变了其下面的窗户的形状。檐口上镶着对比鲜明的装饰带，装饰带上配有团花和钥匙形状的流苏。在镶了边的檐口的中间部分有大量的垫料，且柔软地堆积在每一个部分之间。透明的薄纱窗帘带有套杆式窗帘头，安装在置于墙面的系带杆的不同角度上。侧帘打成褶后被直接安装在檐口的背面。

这款围巾式垂彩设计使这扇法
式风格的大门具有明显的苏格
兰风格。它最大限度地缓解
了在一种组合中有两个围巾直
接而随意地垂下来并搭在团花
上。顶部的围巾安置在团花的
两侧，并且镶着洋葱头状须边
以便从视觉上为装饰的顶部增
添分量感。底部的围巾用对比
的薄纱布料制成，这样可以为
设计增添一种通风的触感。流
苏窗帘钩从底部的两个团花处
垂落下来。

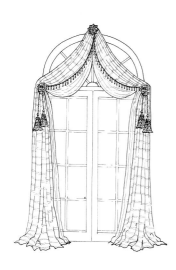

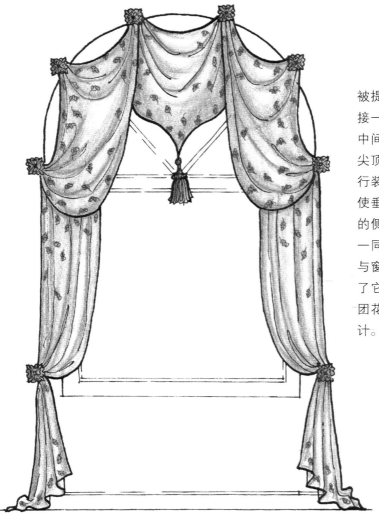

被提起来的垂彩有层次地、一个
接一个地形成了这款窗饰设计。
中间的垂彩带有一个摩洛哥式的
尖顶，用一个大的钥匙状流苏进
行装饰。通过使环结穿过团花而
使垂彩挂在团花的托架上。下垂
的侧帘与顶部提起的两个垂彩被
一同挂在中间垂彩的两侧。垂彩
与窗帘交替使用对比的布料突出
了它们自身的独特造型。相衬的
团花用来扎起窗帘并完成整个设
计。

这款复杂而多层次的设计方案不
适合于初学者。设计通过一个厚
重的且加了垫料的半圆形檐口固
定住,檐口用铁质的装饰物来修
饰。一条正式的褶皱垂彩填充了
在檐口两端的拱形末尾处。特长
的且几乎垂到地板的薄纱瀑布状
饰边突出了装饰的垂直感。下面
的窗帘被扎起来置于瀑布状饰边
的后面。垂彩与瀑布状饰边的底
部折边都镶着流苏须边。

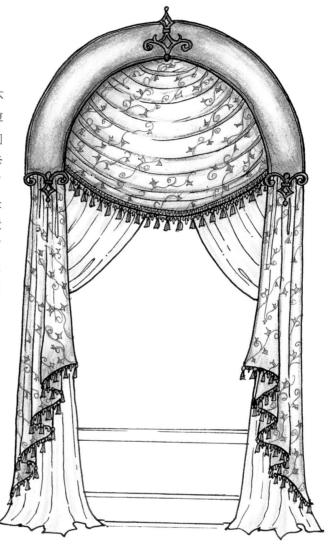

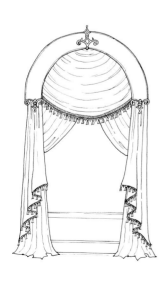

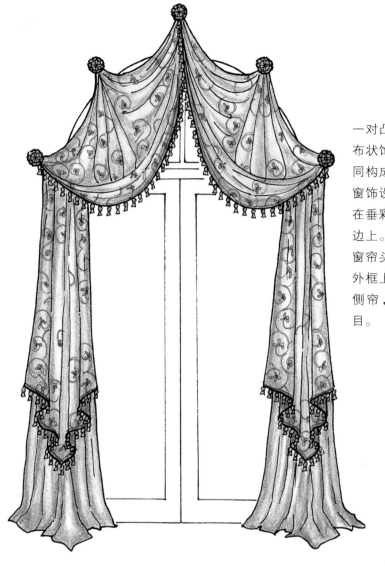

一对凸起的垂彩与褶皱的双瀑布状饰边挂在装饰团花上，共同构成了这款简易而又精致的窗饰设计。洋葱头状的须边镶在垂彩与瀑布状饰边的底部折边上。拖地的侧帘带有套杆式窗帘头，且被挂在安置于窗户外框上的系带杆上。即使没有侧帘，这款设计同样引人注目。

深的包头巾式垂彩从半圆形的拱形檐口处垂落下来。檐口中间的顶部安置着一个号角形的褶裥饰带，上面镶着对比的布料并利用珠子来加重。一对儿相衬的褶裥饰带被安置在位于檐口两侧的垂彩下方。

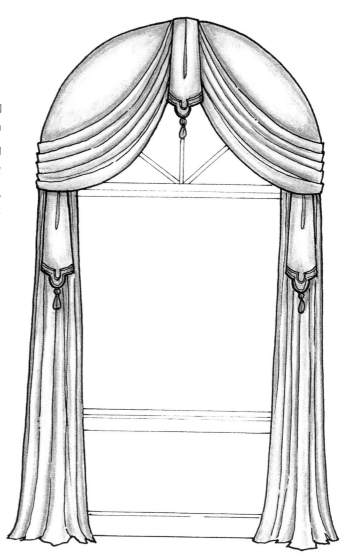

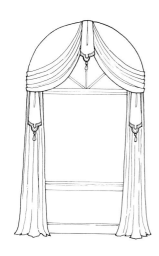

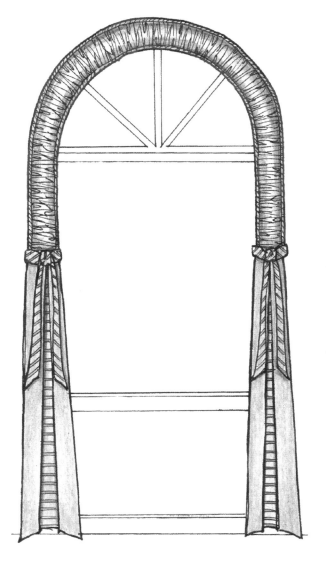

褶皱的织物式檐口镶着装饰性的穗带，并沿着窗户上优雅的拱形排列。檐口恰好停在装饰量度的一半以上，此处采用长的对角剪裁的带子来装饰且带子用对比的布料制成。倒转式的箱形褶裥饰带挂在檐口的根基处，并在末尾处形成一个倾斜的折边。箱形褶裥的里侧采用对比的布料制成，从而形成一个粗的垂直线并且使檐口保持平衡。制作褶裥饰带应该采用浓郁的布料以便可以托住活泼的褶裥。

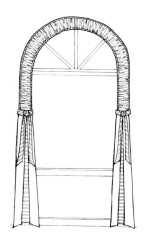

这款非对称式的窗帘设计通过使拱形顶部的垂彩从拖地的长窗帘上垂落下来而得以实现。拖地窗帘利用意大利式铅线扎起来。纤细的瀑布状饰边安置在长窗帘的另一侧，并为设计注入了平衡感。

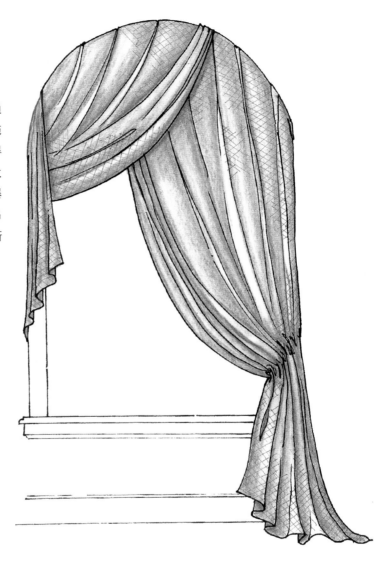

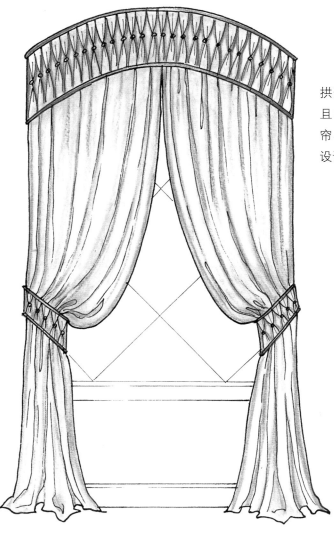

拱形檐口面对着一排被握紧在一起且中间有玻璃珠的织物带。整扇窗帘与相衬的窗帘钩组成了这个窗饰设计。

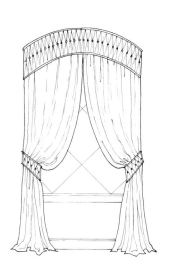

独特且弯曲的王冠式部件，按一定的角度挂在这扇眉弓形窗户的两侧。采用对比布料做衬里的扇贝形窗帘按照一致的角度被剪裁后，可以使窗帘能够笔直地垂挂着而不是呈下坠状。它们由相衬的装饰性卷形物扎起来。

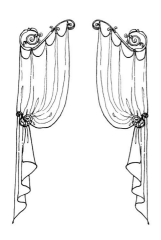

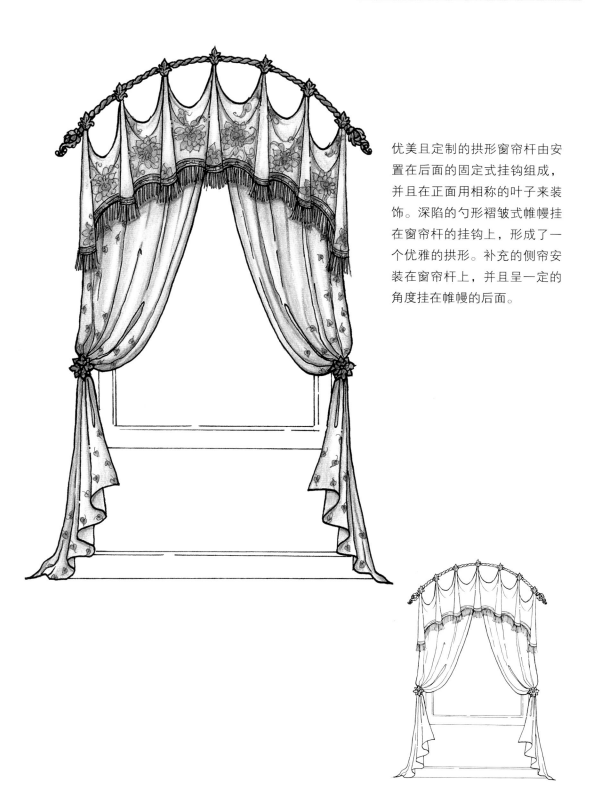

优美且定制的拱形窗帘杆由安置在后面的固定式挂钩组成，并且在正面用相称的叶子来装饰。深陷的勺形褶皱式帷幔挂在窗帘杆的挂钩上，形成了一个优雅的拱形。补充的侧帘安装在窗帘杆上，并且呈一定的角度挂在帷幔的后面。

这个精巧的窗饰在拱形帷幔的底部折边处呈下垂状。长且狭窄的侧帘被提起来形成主教式的袖筒状瀑布饰边。尖顶的十字形饰物放置在几个关键的位置上，从而在窗户的周围营造出运动感。

锻铁制的团花围绕着拱形窗框被安置在这个非对称的窗饰中，并用来托起顶部带环结的窗帘。窗帘从一侧垂下来形成了瀑布状花边。钥匙状流苏装点着每一个团花并沿着瀑布状花边垂下来。

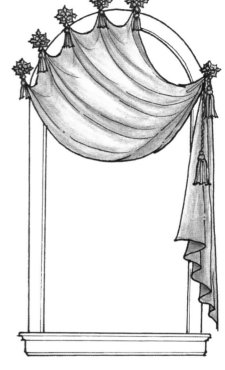

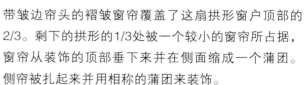

带皱边帘头的褶皱窗帘覆盖了这扇拱形窗户顶部的2/3。剩下的拱形的1/3处被一个较小的窗帘所占据，窗帘从装饰的顶部垂下来并在侧面缩成一个蒲团。侧帘被扎起来并用相称的蒲团来装饰。

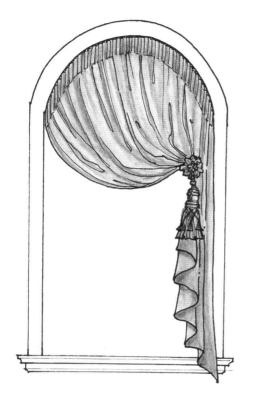

这条呈铅笔状褶裥的拱形窗帘安装在窗户的内侧，并且用团花扎了起来。团花安装在一个小板子上或是在装饰后面的L字形的托架上。一个大的钥匙状流苏挂在团花上。

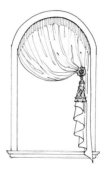

褶皱的带子用来把窗帘头聚集在一起且带有尼龙搭扣的窗帘头被安装在窗框的里侧。在窗帘的末端打一个简单的结并把它挂在适当的位置上来为细节增添活泼感，否则这款设计会变得很平淡。

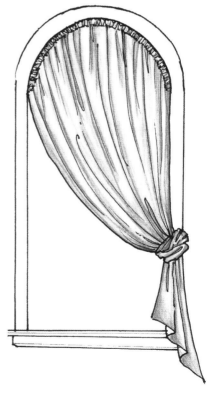

三条下垂的帷幔与安装在下方的瀑布状
花边装饰着这扇拱形窗户的顶部。透明
薄纱帘在咖啡馆式的窗帘杆上打成褶，
并安装在窗框的内侧以便提供私密性。

例如这条褶皱的窗帘，作为最基本的装饰被安
装在咖啡馆式的窗帘杆上。可以通过在窗帘上
增加几个装饰带及一些优质的零部件而变成一
个精细的杰作。

一条拱形的门帘式帷幔带有两个对比的围巾且呈下垂状。帷幔在门帘的侧面被托了起来，并且在其顶部配有双重瀑布式花边和十字形物。相称的十字形物装点着用装饰穗带勾勒出的拱形的最高点。

在这扇窗户的顶部覆盖着一个包头巾式下垂的拱形檐口，檐口的两侧配有两条活泼的瀑布状花边。檐口通过镶着两种大小的丝带环结须边来突出其轮廓。用须边做成玫瑰形饰物和流苏，并把它们分别安装在垂彩的高、低点上。

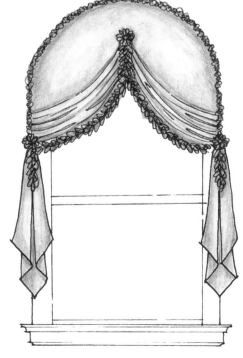

漂亮的绣花带勾勒出檐口富有趣味性的线条，并且绣花带下配有翻转的钟形瀑布状花边。一个大的钥匙状流苏挂在中间的V字形部分并创造出了一个焦点。

这组壮丽的零部件是这款下垂式窗饰设计的焦点。

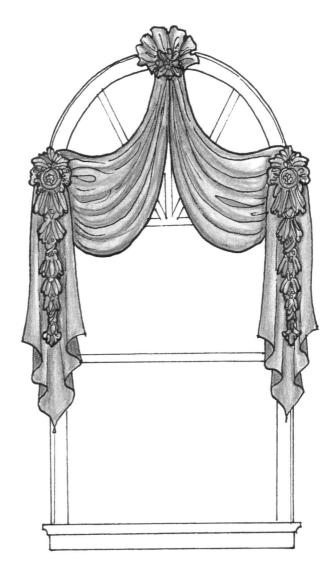

顶部装饰

顶部装饰可以单独使用或与其他的软装饰组合在一起。选择结合各种装饰可以极大地影响装饰的最终效果。

只有帷幔

帷幔结合罗马帘

帷幔结合被扎起来的窗帘

帷幔结合横穿式窗帘

顶部装饰

————个顶部装饰可以是一条帷幔、檐口、装饰性挂帘或是挂在窗户顶部的围巾。它可以用来作为一个复杂装饰中的单个元素或者单独使用。

· 顶部装饰构架出一扇窗户或组成一个完整的窗饰。
· 顶部装饰增加或强化细节与造型。
· 顶部装饰可以补充或突出建筑的细节。
· 顶部装饰可以遮盖住不美观的零部件和机械部件。
· 顶部装饰能够遮挡住功能性窗帘或遮阳帘的褶裥和窗帘头。
· 顶部装饰可以增加或强化水平方向上的设计元素。
· 顶部装饰能够巧妙地处理窗户的长与宽的外观。
· 顶部装饰软化了金属制装饰的外观。
· 在同一个房间里，顶部装饰可以统一所使用的不同类型的底部装饰的外观。
· 可以通过采用顶部装饰这个机会来介绍一下协调的或对比的布料及颜色。
· 由于所使用的布料很少，许多顶部装饰制作简单且具有成本效益。
· 始终要给能够显露在表面、底部或顶部的装饰上的任何部分加上衬里。
· 利用窗帘的重量来调节装饰的悬垂性。
· 在必要的地方加上内衬以便调节光线或颜色渗透。
· 顶部装饰可以很容易地安装在现成的或从商店里买来的窗帘上，以便创造出一种全新的外观。

在如今的窗饰设计中，挂旗是所使用的功能最全的元素之一。它们可以按照几种不同的方式悬挂：

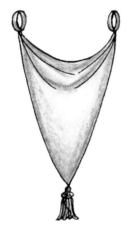

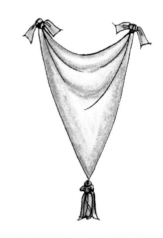

缝在上面的窗帘套环可以挂在装饰杆、垂彩挂钩，或把手上

织物环结可以挂在垂彩挂钩或装饰性的把手上

带子可以被直接系在装饰杆、窗帘套环、垂彩挂钩，或把手上

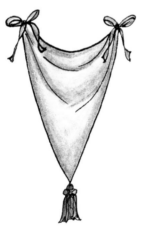

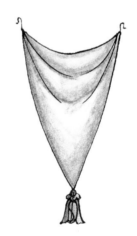

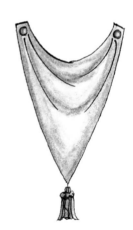

蝴蝶结可以直接系在装饰杆、窗帘套环、垂彩挂钩，或把手上

窗帘挂钩可以挂在横杆上或装饰套环上。

可以利用纽扣和纽扣孔把挂旗直接挂在窗帘上

挂旗

挂旗是一种细长的、三角旗状的、垂直的装饰性点缀物。挂旗在其顶部折边处按照两个或三个点位悬挂着。

· 挂旗的通用性很强。它们可以单独使用，可以挂在帷幔或檐口上，或挂在功能性或非功能性的窗帘上。
· 由于组装简单且布料及饰边的使用量很少，因此使用挂旗很节约。
· 使用挂旗可以利用很小的花费来达到实质性的视觉冲击。
· 挂旗始终要加衬里或采用对比的衬里。
· 利用铅线贴边给挂旗镶一个清楚的边缘。
· 不要采用明线来缝挂旗。明线会妨碍布料的悬垂性。
· 制作挂旗时，对于薄的或动荡的布料，其本身要加内衬或用可熔性衬布做衬里，以便增加体积感和悬垂性。
· 挂旗可以采用对比的衬里做成双面的。这样可以快速地改变装饰的外观。这是一种能够在你的装饰中创造出季节多样性的好方法。
· 挂旗可以很容易地挂起并摘下，从而改变装饰的外观或进行清洗及熨烫。
· 挂旗可以挂在各种各样的零部件上。
· 挂旗可以用来修饰从商店里买来的窗帘，并为窗帘增添定制的外观。
· 挂旗可以很容易地挂在一个现有的窗饰上以便改变其外观。

双点位式挂旗

三重点位式挂旗

三重点位式挂旗

三重点位式挂旗与卷边

扁平的一点位式挂旗

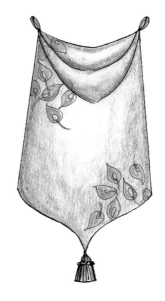

摩洛哥风格的三重点位式挂旗

带圆角的三重点
位式挂旗

带圆角的三重点位式挂旗，且顶尖
处呈摩洛哥式

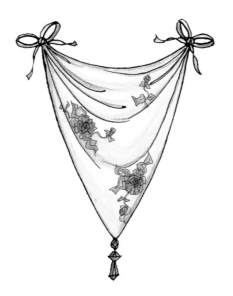

一点位式挂旗且带有
相称的带子

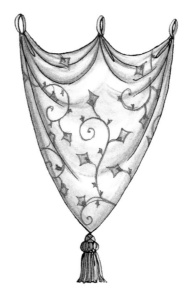

一点位式挂旗且下垂的
顶部凸起

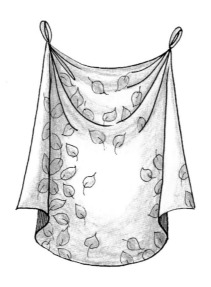

底部呈圆形的双点位式
挂旗

底部呈特殊造型的双点位式
挂旗

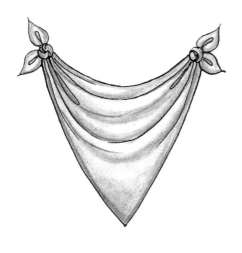

一点位、手帕式挂旗

一点位式挂旗与折叠式
窗帘头

宽大的瀑布状的三重点位式
挂旗

褶皱且翻转的三重点位式挂旗
且顶部配有褶边

褶皱的三重点位式挂旗

敞开的下垂状一点位式挂旗

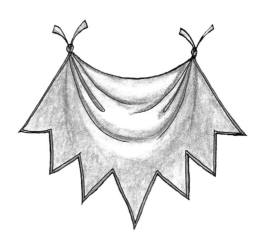

之字形挂旗

扇贝形挂旗

褶皱且打成结的主教袖筒式
挂旗

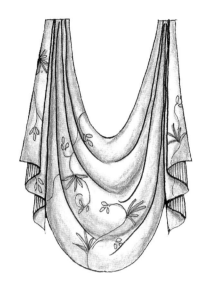

配有瀑布状花边的敞开下垂式
挂旗

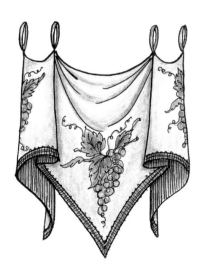

带有一层瀑布状花边的帝王
式一点位挂旗

帝王式一点位挂旗且带有双层
领带状的褶裥饰带

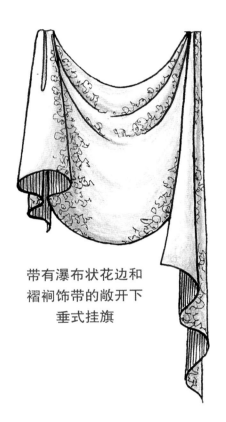

带有瀑布状花边和
褶裥饰带的敞开下
垂式挂旗

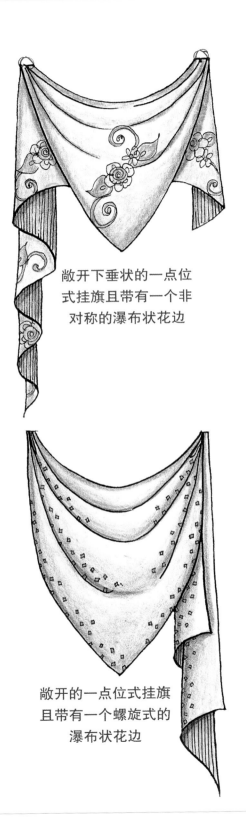

敞开下垂状的一点位
式挂旗且带有一个非
对称的瀑布状花边

敞开的一点位式挂旗
且带有一个螺旋式的
瀑布状花边

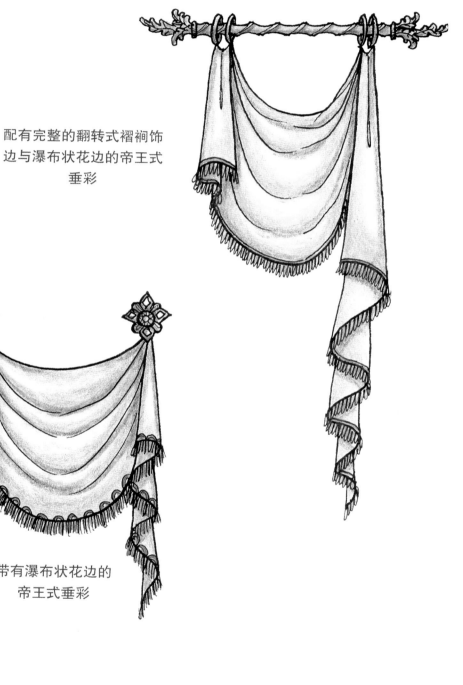

配有完整的翻转式褶裥饰
边与瀑布状花边的帝王式
垂彩

带有瀑布状花边的
帝王式垂彩

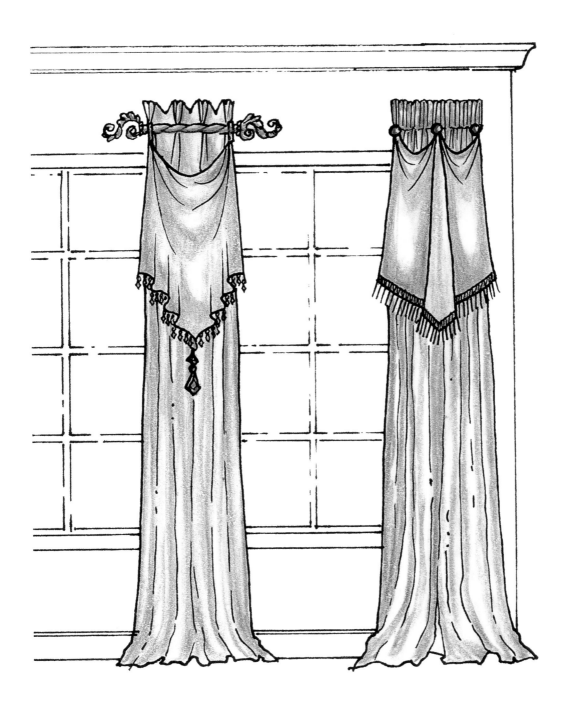

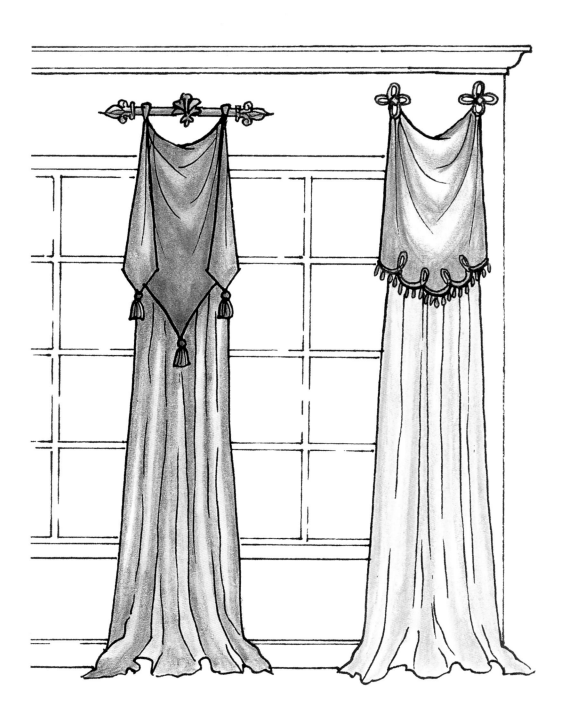

挂旗装饰

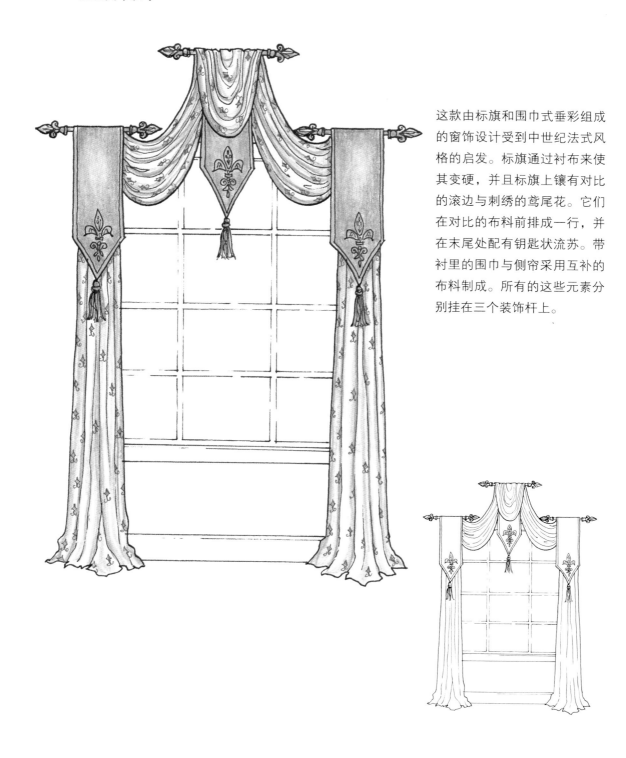

这款由标旗和围巾式垂彩组成的窗饰设计受到中世纪法式风格的启发。标旗通过衬布来使其变硬，并且标旗上镶有对比的滚边与刺绣的鸢尾花。它们在对比的布料前排成一行，并在末尾处配有钥匙状流苏。带衬里的围巾与侧帘采用互补的布料制成。所有的这些元素分别挂在三个装饰杆上。

带有下垂式窗帘头的浅形褶裥侧帘
分别安装在窗户两侧的板子上。中
间带垂彩的两个双点位式挂旗挂在
团花处且团花安装在板子上。挂旗
与中间的垂彩用透明薄纱布料制成
并镶着滚制的折边。钥匙状流苏为
透明薄纱挂旗增添了分量感。

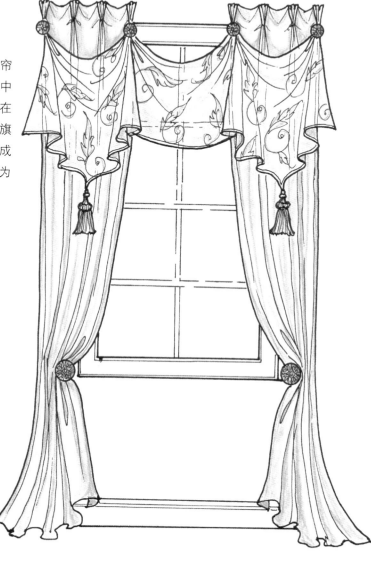

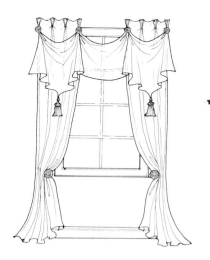

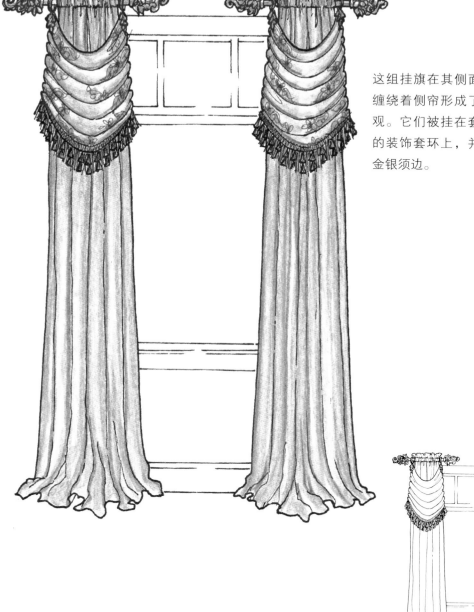

这组挂旗在其侧面打成褶，并且缠绕着侧帘形成了一种独特的外观。它们被挂在套杆式窗帘两侧的装饰套环上，并镶着流苏状的金银须边。

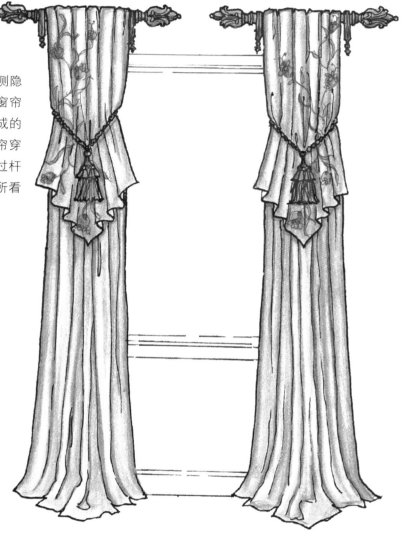

这条朴素的拖地窗帘在其内侧隐藏着一个套杆式窗帘头。在窗帘上还配有一对用对比花纹制成的折叠的一点位式挂旗。当窗帘穿过杆子时，带衬里的挂旗越过杆子被折叠到前面形成了现在所看到的瀑布状的外观。

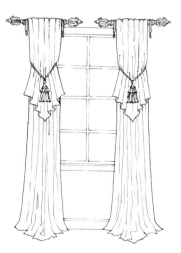

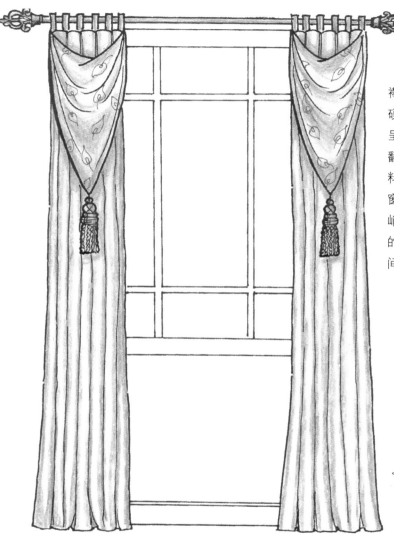

襻扣式的扁平毛条窗帘上带有硬直窗帘头，并且挂在正式的呈线条状的折叠处。休闲且后翻的一点位式挂旗用互补的布料制成，并沿着窗帘头环绕着窗帘。长的流苏突出了挂旗陡峭的角度。需把襻扣钉在杆子的固定位置上，以便使褶裥之间的间距相等。

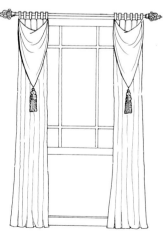

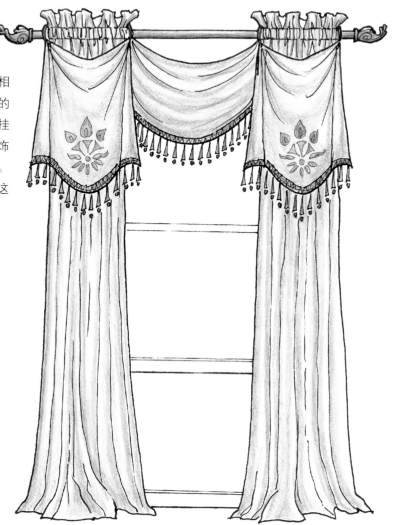

套杆式侧帘作为背景幕，放置在相
衬的三重点位式挂旗与中间垂彩的
后面。窗帘穿过杆子并打成褶，挂
旗和中间的垂彩挂在窗帘杆的装饰
环上，且装饰环置于窗帘的两侧。
带有异国情调的木制流苏须边为这
款窗饰设计增添了独特的情调。

这款设计是一种旧式优雅的极致表现。一系列递进式的挂旗采用对比的布料镶边并作为衬里，挂旗上还装饰着漂亮的铁质别针和叶子状流苏。窗帘套环上配有相称的叶子装饰，以便使设计的韵律感得以延续。侧帘的顶部被隐藏了起来，以便突出由挂旗顶部形成的连续的扇贝形状。

手风琴式褶裥覆盖在这款连贯的多层式窗饰设计上。透明的薄纱帘被安装在装饰套环下面的板子上，这样薄纱帘看起来就与装饰的顶部在一条线上。侧帘同帷幔褶皱在一起并挂在杆子的装饰套环上。布料只在侧帘上有翻边处，而帷幔呈扁平状悬挂着。这条帷幔是一种简洁而整齐的窗帘，帷幔在其中间的位置上扎了起来，然后在末端用带子打成结并钉在窗帘的帘头上。

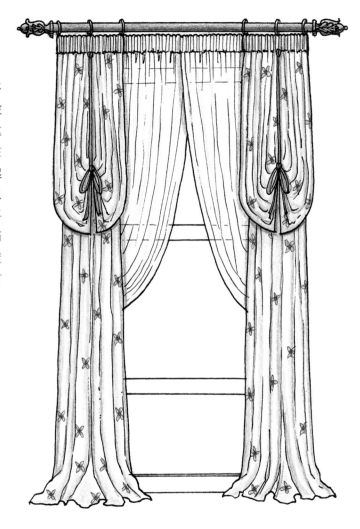

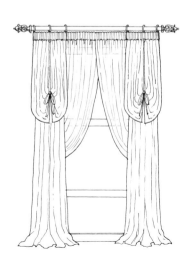

这条惊人的窗饰在设计上非常简单。刀形褶裥窗帘在其中间的位置上有一个非常深的倒转式箱形褶裥。刀形褶裥被折叠到外侧的边缘处，并且同两侧窗帘的中间位置有一定距离。中间的褶裥沿着窗帘的底部缝合起来，一直缝到刚刚超过门帘的尖顶处。窗帘的拖地处足够使中间的褶裥部分敞开并使对比的布料显露在外面。门帘式挂旗越过杆子并安置在窗帘上。窗帘直接固定在杆子上。

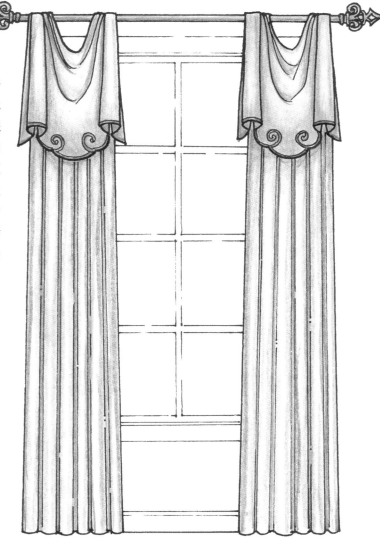

越过窗帘杆的敞开式帝王垂彩，通过在其边缘处采用对比的绒辫带来突出垂彩优雅的线条。通过在表面增添卷曲图案而制成的扇贝形折边看起来更生动。为了使垂彩在窗帘头上保持敞开，可以把褶皱的侧帘安装在板子的下方。窗帘上活泼而正式的褶裥与垂彩柔软的布料形成了很好的对比。

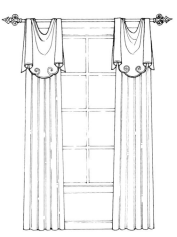

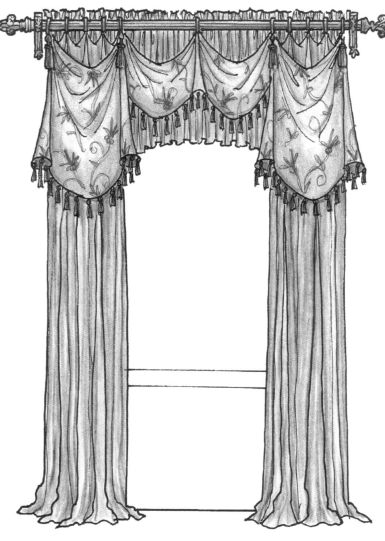

这款设计适合用在窗户安装得很低的情况下且留下一大块间隙需要被遮盖住。通过利用一组套杆式窗帘和中间的帷幔来支撑整个窗饰而使墙面被遮盖住。然后可以把窗帘杆安装在天花板上，以此来增加房间的高度。在此处，我们采用挂在装饰套环上的对比的侧帘、挂旗，以及居中的垂彩来覆盖装饰的下方。窗帘杆直接挂在装饰下面的窗帘杆套上。

这些没有显露出来的窗帘与褶皱的扇贝形挂旗组合在一起成为一个整体且在其内侧缝着一个套袋，沿着接缝把窗帘同挂旗连接在一起。把一个扁平的丝带塞进套袋里并且抽紧，使窗帘和挂旗这两片布料聚集在顶部形成优雅的勺状。用丝带的末端把装饰系在窗帘的套环上。利用相衬的叶子状流苏为挂旗的尖顶处增加分量感。

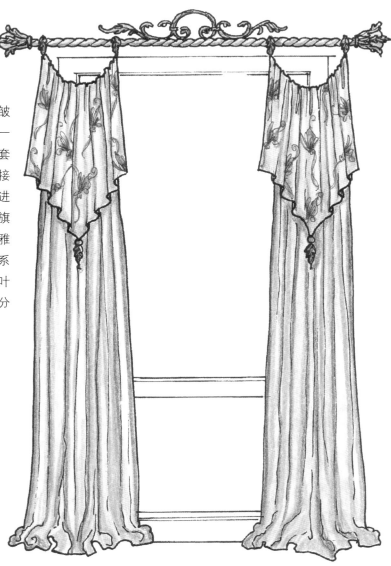

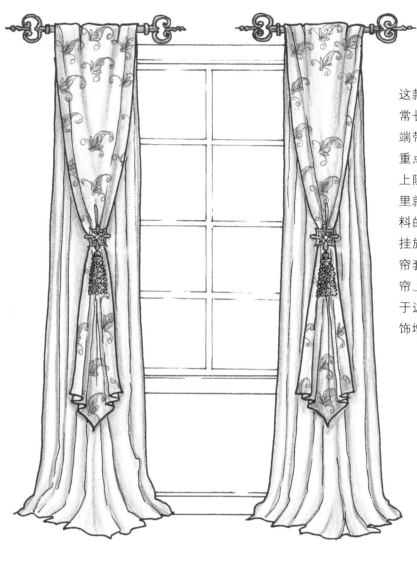

这款设计从本质上看是一条非常长的围巾，并且在其一处末端带有用对比的布料制成的三重点位式挂旗。当围巾从杆子上随意地垂下来时，对比的衬里就会显露在外并形成两种布料的设计。利用定制的团花把挂旗扎在一起，然后用一个窗帘套环把团花固定在后侧的窗帘上。餐巾的套环也同样适用于这款设计。珠状的流苏为窗饰增添了点睛之笔。

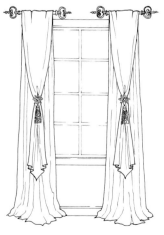

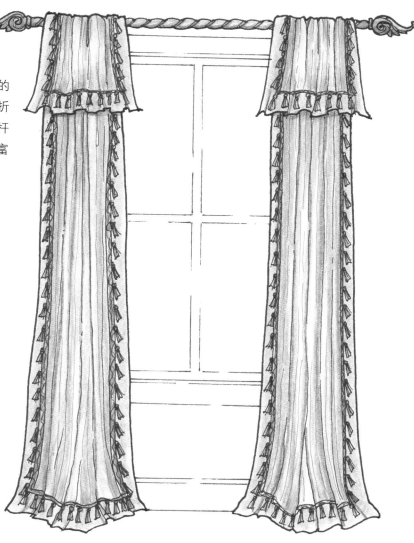

丰富的流苏须边与对比的
滚边转变为这些简洁的折
叠式帷幔，并覆盖着套杆
式窗帘使其成为一个丰富
而奢华的窗饰。

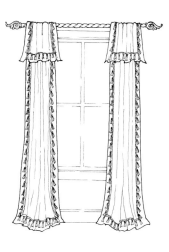

帷幔

帷幔是装饰在顶部的一种柔软的布艺装饰。帷幔可以单独使用，也可以与长窗帘、遮阳帘或金属类装饰相结合使用。

· 帷幔可以架构出一扇窗户或形成一个完整的窗饰。
· 帷幔可以增加或强化细节与造型。
· 帷幔可以遮盖住不美观的零部件和机械部件。
· 帷幔可以遮挡住功能性窗帘或遮阳帘的褶裥和窗帘头。
· 帷幔可以增加或强化水平方向上的设计元素。
· 帷幔能够巧妙地处理窗户的长与宽的外观。
· 帷幔可以软化金属制装饰的外观。
· 在同一个房间里，帷幔可以统一所使用的不同类型的底部装饰的外观。
· 一条定制的帷幔可以很容易地安装在从商店里买来的或现成的装饰上，并创造出一种新的外观或季节的多样性。
· 始终要给帷幔加衬里。
· 不要采用明线来缝帷幔，除非这是设计不可分割的一部分。如果可能的话，只采用明线来缝布料的表面。
· 不要沿着帷幔的衬里用明线缝饰边。
· 利用窗帘的重量来调节帷幔的悬垂性。
· 如果要在帷幔的下方挂上额外的装饰，则需要增加帷幔上翻边的距离。

在这一章节中所展示的许多帷幔设计均可以被扩展，并且其中大部分可以与侧帘、窗帘、遮阳帘以及百叶窗一同使用。

帷幔

扩展式帷幔

展开式帷幔与侧帘

当扩展帷幔或与其他元素一起使用时，请记住这些小窍门

· 调整帷幔的比例与规模以便适应窗户、房间，以及整体装饰的大小。

· 明确扩展式帷幔的硬面与支柱结构。这将会增强其延伸的造型并避免松垂。

· 明确由多个部分制成的宽幅帷幔，这样不但使安装方便，而且避免棘手的交付与可达性问题。

· 记着增加板子、窗帘或百叶窗上所使用的任何帷幔的翻边距离。

· 在所有无衬里帷幔的折边处确定6″～8″的饰面以避免白色的衬里从下方显露出来。

· 明确窗帘的重量以便恰当地控制布料并使其具有较好的悬垂性。

· 当帷幔被单独挂起来的时候，要考虑窗户边的光线强度以避免渗透和光线过度。在必要的地方可以采用内衬、法式衬里或遮光衬里。

帷幔的关键术语

拱形帷幔：一种帷幔装饰，在顶部或底部的边缘呈拱形。

奥地利式帷幔：一条柔软的固定式帷幔，塑造成类似奥地利式的遮阳帘，并且在其垂直方向上打成褶而形成一个扇贝形的底部折边。

气球状帷幔：一条柔软的固定式帷幔被塑造成一个气球状的遮阳帘，并且因其底部边缘带有垫衬而知名。

带条：缝在窗帘和帷幕上的布料条。带条由布料制成，用以补充窗户装饰中的主体布料。

标旗式帷幔：安装在板子上或穿过窗帘杆的一系列三角形布料，也叫作手帕式帷幔。

瀑布状花边（又叫作尾饰）：经常同垂彩一起使用。下垂的刀形褶裥布料沿着窗帘或装饰的顶部，呈之字形线条垂落下来。

云状式帷幔：一种同云状式遮阳帘相似的固定式的顶部装饰且不能调高或降低。

对比衬里：一种可以用来作为衬里或装饰的装饰性布料。可以部分显露在顶部装饰的表面。

滚绳（又叫作贴边滚绳）：一种用布料裹着的绳子，同样被归类为嵌边或贴边料。

剪口翻边：一个被剪裁成纽扣孔或矩形，位于窗帘或顶部装饰的翻边处。在通过杆子安装的装饰中，这种方法可以使翻边处折回到墙面上。

装饰性零部件：零部件（例如垂彩托架、窗帘杆、杆子、窗帘钩和套环）既可以给窗户样式增添具有美感的感染力，也可以达到功能性的目的。

双层毛条帘头：这种窗帘头通常用于浅形褶裥和套杆式窗帘上。在此处，窗帘头还有一层完整的布料放置于可见的窗帘后面。

悬垂性：某种布料挂起来时，其折叠处所呈现的一种令人愉快的状态。

下垂式样：翻转布料，并把布料固定为一个优雅的曲线和折叠形状的一种技术。

防尘罩：衬托夹板或檐口的一部分，在其上面安装着支柱或饰面。

花彩：由褶皱的布料制成的装饰性帷幔，并且挂在窗户上形成优雅的曲线。

折边：指窗帘上完整的一侧与窗帘的底部边缘。

层状帷幔：帷幔上的多层布料彼此堆叠在一起形成对比和视觉趣味。

窗帘钩：一种装饰性部件，用来挡住窗帘或托起垂彩。

L形托架（又叫作角钢）：一种呈L形的铁质托架，用来安装帷幔和檐口。

珠缀（又叫作饰边）：法语词，指用于窗户样式和室内陈设的一系列装饰绳、带子和流苏。珠缀用来确定或增添装饰细节。

门帘式帷幔：有扁平且加固的窗帘，部分或其造型作为主要设计元素是这种帷幔的一大特色。

枕套缝（又叫作枕套）：把布料的正面同衬里布料缝在一起的一种工艺。接缝通常为1/2″，然后翻过来并熨烫使接缝变成物品的边缘。

褶皱式帷幔：安装在板上的装饰，且含有褶裥作为其主要的设计元素。

拉起式帷幔：帷幔在窗帘头的位置上有最高点和最低点。帷幔利用零部件挂在最高点上。

隆起式帷幔：类似于云朵形状的顶部装饰，但产生的效果是一个连续的而非单独的隆起状，并且不带床裙。

底部套杆式帷幔：其窗帘杆悬挂在折边处的任何帷幔。

套杆式帷幔：一条帷幔上含有一个或多个套袋被缝在装饰里。窗帘杆穿过套袋为了使布料在杆子上打成褶，或者挂上帷幔。

顶部套杆式帷幔：利用套环、带子、蝴蝶结、挂钩、襻扣、环结或金属扣眼来挂住窗帘杆上的任何帷幔。

罗马式帷幔：同罗马式遮阳帘组装类似的一种柔软且固定式的帷幔，并且在水平方向上配有固定式褶层。

韵律式帷幔：重复使用一种或多种元素而使设计具有韵律感。

马车式帷幔：用于狭窄的窗户上。这片布料安装在板子上，然后安置于窗框内侧。窗帘卷起并在中间用丝带系起来。

垂彩：一种挂在顶部的织物装饰，下垂时呈半圆形，可以用来作为窗帘或只作为顶部的装饰。

垂彩托架：用于支撑例如抛状垂彩这类

宽松且下垂的装饰。竖琴式的造型使窗帘保持一种隆起的样式。

窗帘里布：一种轻质的窗帘，通常为薄纱帘，距离窗玻璃最近。窗帘里布挂在一条厚重的外侧窗帘的下方。

帷幔：一种水平方向上的织物装饰，用于窗帘的顶部以便遮挡零部件和滚绳，或单独作为一种装饰性元素。

帷幔板（又叫作衬托夹板或挡尘板）：用来挂帷幔的一种不分正面或侧面的扁平的板子。

带支柱的帷幔板：一种延伸至每个翻边处的扁平的板子，看起来类似一个没有正面的檐口。必要时，采用这种板子来固定住帷幔的侧面。

窗户珠宝：在布料上起装饰作用的小型装饰部件，通常不具有功能性但可以增添趣味性。

套杆式帷幔

套杆式帷幔含有一个或多个被缝在装饰里的套袋。窗帘杆穿过套袋使布料在杆子上打成褶或者挂上帷幔。

- 套杆式帷幔是用来形成对比的一些最简单的式样，但它们的制作也非常精细。
- 套杆式帷幔应该是整个布料的2.5倍，是轻质窗帘或薄纱布料的3倍。
- 套杆式帷幔不适合采用厚重的布料或带有大图案的布料。
- 当使用带图案的布料时，要考虑一下你所使用的整块布料的褶皱效果，看看图案是否合适。
- 如果使用内衬，要把套袋的部分排除在外以避免布料聚束在一起。
- 正如你为套杆式窗帘头所做的那样，在帷幔上要留出一段卷取部分，
- 如果你正在使用例如流苏须边、带子或金银条这类装饰性的饰边，要确保它们具有柔韧性。不要使用僵硬的饰边以避免其妨碍帷幔的下垂式样。

这条一处带有褶边的帷幔由三部分组成：一条居中的垂彩和两个瀑布状花边。底部的折边上装饰着珠状须边。

由三个带衬里的圆筒状垂彩组成的帷幔被拉起来，并用窗帘套环扎在一起。

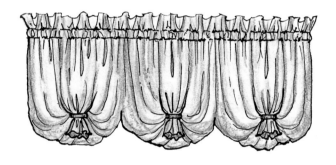

这条伦敦式的套杆垂彩利用对比的带子把窗帘拉紧，从而在两侧形成了弯曲的尾饰。

顶部的褶边装饰着这条气球状的帷幔。一系列的套袋缝在布料的表面以及衬里上，以便可以使滚绳穿过并把窗帘抽成褶，形成递进的拱形，然后把滚绳系成蝴蝶结。

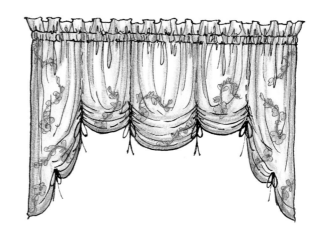

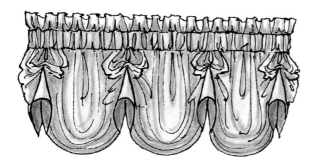

把褶裥饰带拉起来使这条顶部褶皱的帷幔具有韵律感。

一处带有褶边的扁平窗帘利用穿过套袋和窗帘的对比布料挂起来。添加一个相衬的纽扣褶边可以突出垂挂的饰边。

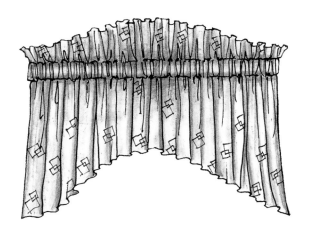

在褶皱的拱形窗帘头上，褶边处强烈的线条以相反的倒转V字形重复出现在帷幔的折边处。

这条朴素而整齐的帷幔通过在其底部的折边处增加柔和的扇贝形状，而增加视觉冲击力。一条明快的丝带滚边置于折边的正上方并反映出折边的曲线。

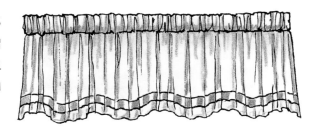

这条窗帘经过折叠后在套杆式窗帘头处形成一系列的褶裥饰带和垂彩。

带有衬里的两层布料被剪裁成交替的之字形，并且通过一个隐藏着的套袋和一处带有褶边的窗帘头连接在一起。

在毛条窗帘上的这条帷幔，其扇贝形的折边展示了帷幕下层的对比的帘子。玫瑰形饰物突出了扇贝形的最高点。

在这条帷幔中，其顶部褶边处与表层的底部折边处的扇贝形相称，并用丝带镶边使扇贝形突出。在下层呈拱形的对比帘子用来作为底部折边的背景幕。

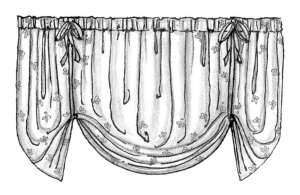

一条整齐的套杆式窗帘利用系成蝴蝶结的丝带拉起来。

带有对比衬里的瀑布状饰边和顶部的褶边被安置在这条整齐的窗帘上，创造出一款简洁却又引人注目的窗饰设计。把瀑布状饰边的领边向外折叠以便显露出更多的衬里布料。

这条带有宽幅扇贝形折边的朴素而褶皱的窗帘，利用两点位式的褶裥饰带来保持平衡。褶裥饰带通过团花被固定住并镶着金银条。

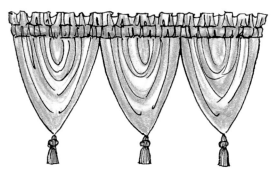

三个一点位式的套杆式垂彩与顶部的褶边穿过同一个杆子，创造出一种具有韵律感的窗饰设计。添加流苏来给垂彩的顶点处增添分量感和细节。

在双层的倒转式V字形槽中间配有一个对比的双重瀑布状饰边和一个甘蓝饰物。

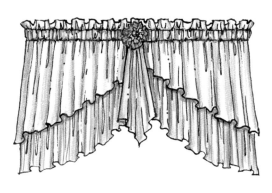

配有对比的玫瑰形饰物的拉起式垂彩为这条朴素的窗帘增添了趣味感。使用相同或对比的衬里因为衬里会显露在布料被提高的地方。

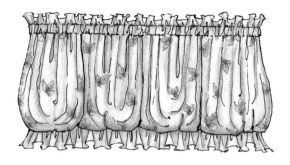

"少即是多"体现在这条顶部和底部都带有褶边的套杆式帷幔上。很多时候，这种风格的帷幔需要一点衬托来使其显得丰富。通过塞满枕头棉絮或包装纸可以使帷幔看起来更清爽。

用对比的带子把套杆式垂彩拉起来且带子环绕着杆子并在垂彩的底部打成结。

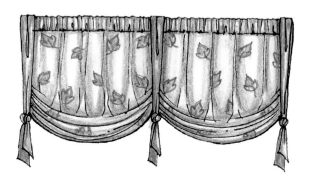

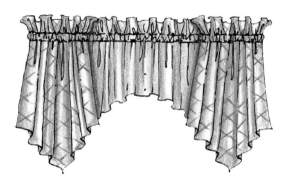

这条一处带褶边的套杆式帷幔有一个W字形的折边且沿着折边在其两侧分别安置着对比的双重瀑布状饰边。

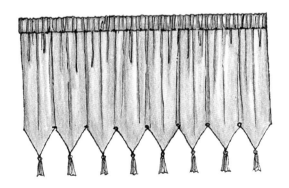

挑选折边的造型时要充分发挥想象力。即使最简单的帷幔也可以通过一个有趣的下摆线来增添富有魅力的效果。

这款帷幔应该采用透明薄纱帘或轻质的布料。这条双层帘被紧紧地抽成褶，并且是整幅布料的3~3$\frac{1}{2}$倍。配有花式边的表层布料不加衬里。表层的布料按1/4圆的大小在中间的位置上重叠，而下面的一层依然保持着整齐。中间处装饰着双层甘蓝饰物和带子。

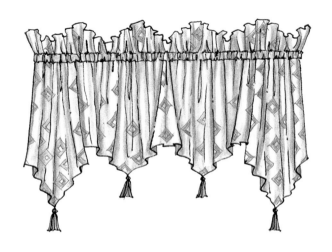

之字形窗帘头与折边处呈递进式的之字造型使这条简单的帷幔变得活跃了起来。

长短不一的一点位式挂旗交替
着挂在这条怪诞的套杆式帷幔
上。挂旗的顶点处利用手绘的
木制流苏来加重。

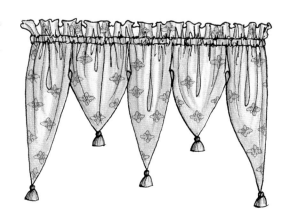

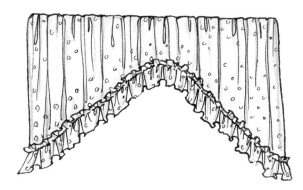

这条轻飘飘的帷幔有一个倒转的
V字形折边，折边的边缘镶着褶
边且用明线缝在表面。

这条帷幔在其顶部抽成褶并安装在
板子上，而不是穿过窗帘杆。对比
的带子在其末尾处用一个大的丝质
玫瑰花来装点，并营造出一种崇高
的女性化外观。

垂彩式帷幔

垂彩式帷幔可以由所有组合在一起的部件构成，或是由以下几个部件组成：

垂彩

门帘

褶裥饰带

尾饰

瀑布状花边

· 部件可以恰当地下垂，垂彩始终要沿着对角线来剪裁，除非采用条纹。

· 采用柔软且易弯曲的布料。所使用布料的悬垂性是设计得以成功的关键。

· 它们不适合采用厚重的或带有大图案的布料。

· 不宜使用带条纹的布料。始终要考虑在每一个元素上，条纹应该朝着哪个方向。

· 只要有可能，应该使用对比或互补的衬里与铅线贴边。

在这条休闲式的下垂且带有衬
里的垂彩中，两侧的边缘被卷
到后面以便显露出安装在下面
的瀑布状花边。

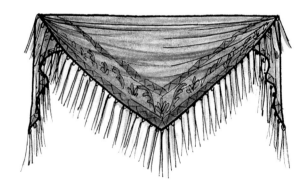

这条手帕式垂彩是由一条配有装饰边
和带状须边的围巾组合成的。

一对儿瀑布式垂彩，其顶部装
饰着另一对儿瀑布状花边，从
而营造出一种多层次的外观。

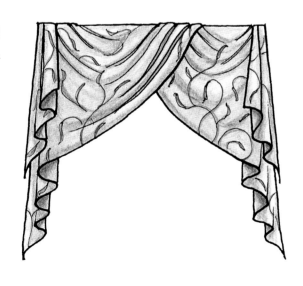

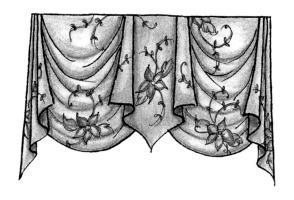

长的金斯敦式垂彩位居中间，并带有一个宽的双重瀑布状花边。两侧单薄的瀑布状花边有助于抵消中间宽幅的瀑布状花边，并拉长了帷幔。

凸起的双重褶裥饰带在其中间位置有一个细长的尖顶。相衬的瀑布状花边构架出这套三扇金斯敦式垂彩。装饰性的滚绳沿着帷幔的窗帘头布置且遮盖住瀑布状花边和褶裥饰带上的线迹。滚绳在装饰中也同样起到统一线条的作用。

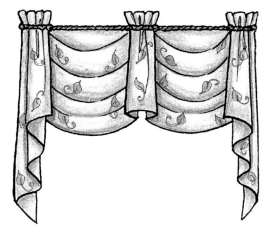

褶皱的瀑布状花边与相衬且居中的褶裥饰带一同架构了这条两扇的金斯敦式垂彩。装饰性的穗带用来统一帷幔顶部的线条。

两条半扇垂彩挂在这个居中的垂彩上而形成了这条古典的帷幔。

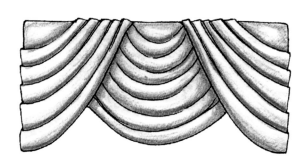

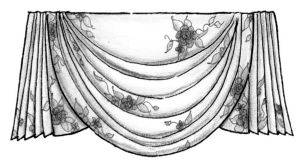

一条大的垂彩覆盖在下层的刀形褶裥窗帘上面，从而形成了这条优雅的帷幔。

这条楔石状垂彩的命名很恰当，因为它类似于倒置的石拱楔石。

图案：图案加上楔石状垂彩。

在这条垂彩式的帷幔中，一组瀑布式垂彩由中间的一个褶裥饰带分隔开。

这条带有褶皱窗帘头的垂彩，其底部装饰着三条深垂的垂彩。它可以单独使用或排成一个系列。

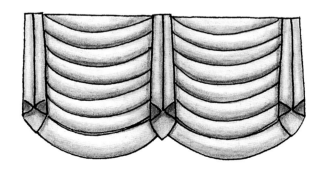

正式的金斯敦式垂彩在搭配上这些双重的翻转式褶裥饰带后，便形成了新的外观。

这条由剪裁成圆形的三个瀑布状花边构成的拉起式垂彩，创造出了这款现代式的设计。

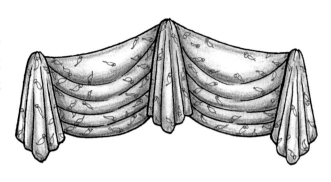

两扇垂彩以及外沿配有相称的滚边且加了对比衬里的瀑布状花边，都通过装饰性的滚绳和流苏来装点。

这条非常传统的下垂式帷幔上配有很多古典的装饰：垂彩、褶裥饰带和瀑布状花边。位于折边处的装饰带在瀑布状花边的两侧重复使用，这样便使装饰带在两侧的每一个转弯处显露出来。

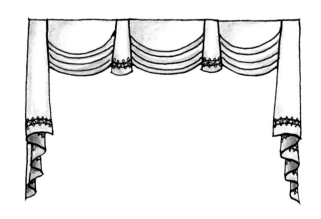

这条呈角度下垂的垂彩在最低点折叠起来后形成一个瀑布状花边。安置在另一侧的大瀑布状花边用来为这款设计提供平衡感。通过在两个呈角度的地方各配一个马耳他十字形物来使角度突出。

随意下垂的飘逸层状布料带有怀旧的罗马式长袍的味道，并形成了一条华丽的垂彩和瀑布状花边。

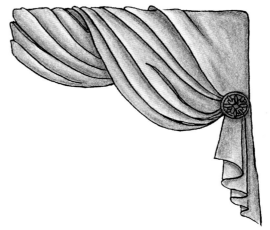

这条下垂的半帘式帷幔带有很深的褶裥且褶裥呈相反的角度安装。褶裥与帷幔上的长瀑布状饰边一同营造出一种和谐的平衡感。

在这条深垂的休闲式垂彩上装饰着褶裥饰带且在其顶部装饰着丰富的流苏须边以便创造出一种厚重的窗帘头。

通过在垂彩的底部添加一个有趣的造型，使这款设计呈现出新的外观。

在这款设计中，堆叠在一起的两扇垂彩通过安置在垂彩相交处的一个铁质卷形物来把垂彩统一地聚束在一起。

休闲且飘逸的围巾式垂彩和褶裥饰带安置在后侧的一个褶皱窗帘上。围巾的顶点通过配有大的丝绒玫瑰花和叶子来突出，从而营造出一个浪漫的外观效果。

居中的长窗帘在顶部打成褶，并且在折边处系成一个宽松的结，从而构成了这幅休闲式的垂彩和瀑布状花边。帷幔侧面的另一组瀑布状花边构架出了中心位置。

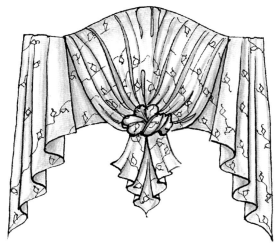

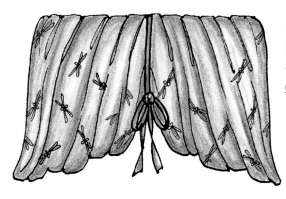

这幅帷幔的顶部和底部折边呈褶皱状，然后被抽成褶形成了如波浪般的部分。接着，中间的部分用丝带拉起来并系成蝴蝶结以便创造出一个视觉焦点。

随意垂挂的非对称垂彩与瀑布状
花边由边角余料制成，搭配在一
起形成了这款丰富的设计。

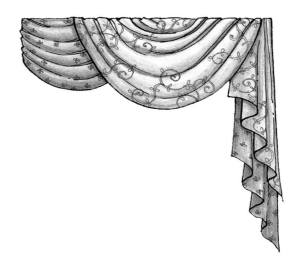

顶部呈扇形的褶裥饰带由装饰绳
串联在一起，在这条下垂式帷幔
中形成了统一的线条。

精心布置的褶裥使这条帷幔落
下时可形成优雅的折叠状。

一个小的箱形褶裥窗帘头覆盖在这个带有瀑布状花边的宽幅垂彩上。

翻转的瀑布状花边位于顶部配有对比带子且居中的垂彩两侧。

一个装饰性团花布置在这对儿垂彩的中间。

一条宽幅的长方形垂彩挂在门帘上，并且在两侧的顶角处系成褶裥饰带。三条尾饰叠加在一起安装在垂彩侧面的下方。

一对宽幅且褶皱的瀑布状花边上镶着刷条须边，布置于中间凸起的垂彩两侧。

敞开的手风琴式垂彩挂在用褶皱布料裹着的加垫料的板子上。环绕着丝带的须边沿着垂彩的表面向下并在结尾处挂着钥匙状流苏。

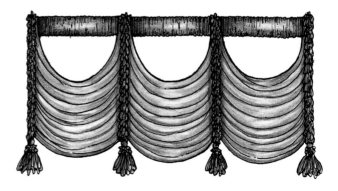

一组褶皱的窗帘安装在这条眉弓形的帷幔上，并扎起来使对比的花彩显露出来。

一条固定的气球状遮阳帘挂在顶部的拱形檐口上。

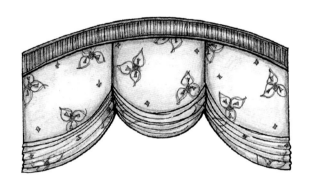

这条模仿气球状的遮阳帷幔带有一个驼峰形状的拱形装饰和对比的带子。

韵律式帷幔

具有韵律感的帷幔带有一种或多种元素，并被重复使用从而在设计中营造出一种韵律感。这些元素可以包括：

褶裥

褶裥饰带

尾饰

瀑布状花边

扇贝形

尖顶

拱形

门帘

· 有韵律感的帷幔通常由几个大的部分组成，这些部分很适于用来展示布料中间的主题。相应地选择你的布料并在工作表中标绘出图案，以便使设计师了解你想把图案放置在哪里。

· 一些扁平的设计可以用来调节厚重且易卷曲的布料，因为悬垂性不是一个大问题。其他带有垂彩或打褶的式样需要使用一种较轻质且有柔韧性的布料。

· 使用内衬或衬布以避免布料下垂，并且在需要的地方增加稳定性。

这条简易版的安妮女王式帷幔
是展示大图案的优秀典范。

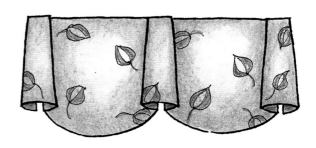

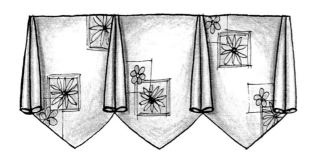

带对比衬里的双重褶裥饰带在
这条三点位式帷幔中创造出韵
律感。

交叉的褶裥饰带在其边缘处镶
着对比的贴边，并采用互补的
布料作为衬里以便使挂在内侧
的钥匙状流苏凸显出来。

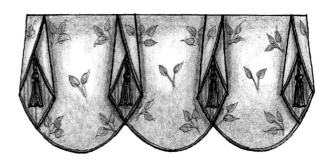

镶着对比的滚边和饰边的递进式门帘沿着这条拱形帷幔的表面重复出现着。

下垂的帷幔作为背景幕置于敞开的喉咙状褶裥饰带的后面。褶裥饰带通过对比的衬里和一个相称的带子来强调。

顶部配有玫瑰花蕾和杯状饰物的交叉式褶裥饰带沿着这条扇贝状帷幔重复着。褶裥饰带上的圆形折边在底部折边处形成了另一组扇贝造型。

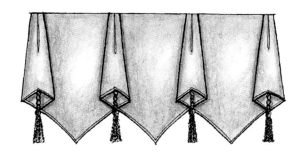

一条褶皱的三点位式窗帘形成了完整的褶裥饰带。对比的衬里突出了下摆线的对角。流苏挂在褶裥饰带的里面。

在这条帷幔中，扁平的区域可以用来突出大的图案。

在褶裥饰带的折边处镶着珠状须边可以强调出它的V字形状，并且形成额外的高度。

两层帘子上的尖顶与领带式褶裥饰带叠在一起形成了这款设计。

一系列双重褶裥饰带用来
架构帷幔并使其居中，以
便创造出一种柔软的、波
浪起伏的效果。

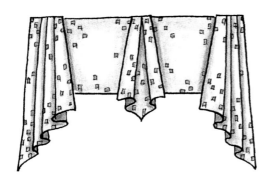

在这条整齐的帷幔中，通
过使用时下流行的布料来
制作传统的瀑布状花边从
而使其具有现代感。

在这条帷幔中，褶皱的瀑布
状花边上的领边被卷了起来
以便使对比的衬里得以显露
且衬里在帷幔的中间重复出
现。

在这款设计中，瀑布状花边与
居中的褶裥饰带在顶部被打成
结并形成了一种休闲式的外
观。它们与一对儿垂彩一同安
装在后侧褶皱的板子顶部。

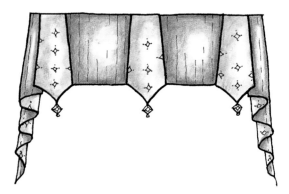

在这条整齐的帷幔中，采用领带状尾饰来代替褶裥饰带。带有对比衬里的瀑布状花边与尾饰相匹配以便使设计完整。

手风琴式褶皱的瀑布状花边与枝形吊灯状的水晶饰品挂起来像珠宝一样，为这条富有魅力的帷幔增添了裁缝的格调。

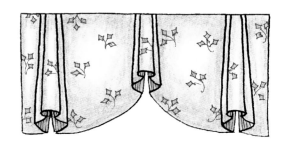

带有对比衬里并完整地叠在一起的褶裥饰带通过把布料折叠起来制成。

曲折的瀑布状花边位于造型独特的窗帘两侧。窗帘由倒转式的箱形褶裥分隔开。

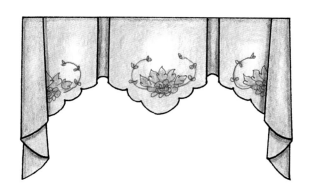

采用对比的布料作为褶裥饰带与
瀑布状花边的表面，而不是用衬
里来使这些元素突出出来。

一条扁平的帷幔作为背景幕，置
于褶皱且凸起的褶裥饰带的后
面。褶裥饰带的顶部装饰着短小
且敞开的垂彩。

递进式的褶裥饰带被安置
在帷幔的扇贝形状之间，
形成了一个翻转的V字形
下摆线。

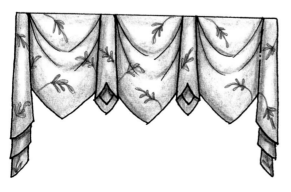

一点位式的垂彩被堆叠的
瀑布状花边和褶裥饰带分
隔开来。

在这条帷幔中，褶裥饰带与瀑布状花边的长度沿着柔软的拱形折边布置。装饰性穗带使它们的凸起式窗帘头突出。

箱形褶裥在折边处形成了一个微微隆起的拱形，而细长的瀑布状花边在线条上为这条定制的帷幔增添了平衡感。

通过增加两个凸起的双重褶裥饰带来软化这条M字形的帷幔。添加的装饰性滚边沿着帷幔形成了一条连续的线条。

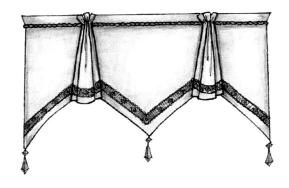

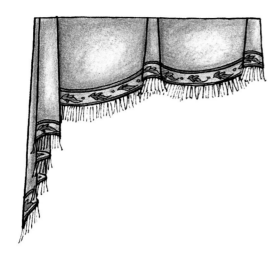

通过在这条带有轻微的
扇贝形帷幔上使用递进
式的褶裥饰带，和一个
长的瀑布状花边来营造
一种非对称的平衡感。

一系列递进的尾饰堆叠在一
起，在这款有趣的设计中形成
了一个结合紧密的表面。不同
造型和大小的木制珠子被缝在
尾饰的尖端以凸显出它们各自
的特征。

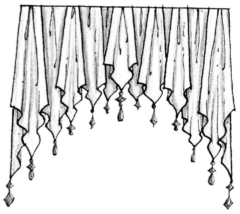

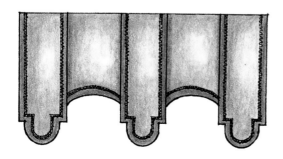

一排单扇贝状门帘被均匀地分布
在这条底部呈拱形的门帘式帷幔
上。在每一个部分上都镶着对比
的滚边。

顶部套杆式帷幔

———条顶部套杆式帷幔可以是任何一种设计风格，并且可以利用以下任何一种零部件安装在窗帘杆上：

套环

襻扣

带子

蝴蝶结

挂钩

丝带

· 许多安装在夹板上的帷幔可以通过添加襻扣或带子等元素来使其改变并挂在窗帘杆上。

· 始终要同设计人员明确窗帘杆的直径，以便可以使他们做必要的调整。

· 始终要把悬挂器件固定在窗帘杆的适当位置上，以避免下垂。

· 给帷幔的长度增加1″，因为帷幔是通过带子或环结被挂在窗帘杆上，因此挂起后长度会稍微变短。

这条帷幔用于突出带有强烈图案的布帘，使其类似一幅艺术品。帷幔上装点着辫带且通过丝带使其挂在装饰挂钩上。

对于这条倒转式的褶皱式帷幔，其扁平的表面适合于展示大的图案，只要装饰主题在每一个部分上被放置在相同的位置上。

在这条充满了想象力的帷幔中，对比的带条作为背景幕被安置在装饰杆的后面。装饰杆穿过带状环结式的窗帘头。

图案：梅丽莎帷幔

——佩特·梅多斯

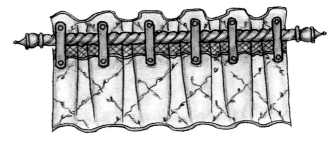

这条简单的半圆式拱形窗帘带有一个襻扣式窗帘头。当窗帘由丰富的布料、饰边和零部件组成时，这款窗帘体现出一种很强的表现力。

扁平的扇贝形状通过褶皱在其每一个中间进行装饰。置于顶部的对比滚边与末端带有纽扣的襻扣使这条帷幔加以完整。

越过窗帘杆的瀑布状花边把扁平的扇贝形窗帘分隔开，并形成了一个敞开式的窗帘头。

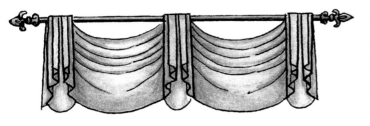

挂在杆子上的敞开式垂彩支撑着双重瀑布状花边。瀑布状花边在其领边的位置上经过折叠而使对比的衬里显露出来。

安置在两侧的对角剪裁式瀑布状花边构成了这条扇贝形的门帘。倒转的箱形褶裥位于门帘的中间且在折边处带有一个尖顶。

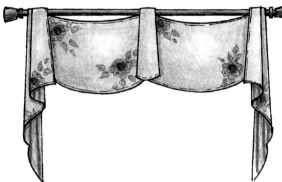

这条挂在杆子上的帝王式垂彩由一组有趣的且尖端较细的瀑布状花边构成。

在这条帷幔中，被改良过的安妮女王式垂彩缠绕着杆子。

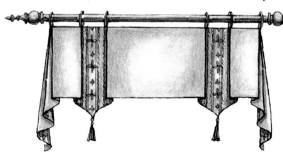

扁平的窗帘呈敞开式且带有摩洛哥式折边的倒转箱形褶裥显露在外。完整的瀑布状花边在窗帘后侧打成褶，以便使毛条窗帘形成带有尖锐方形的外观。

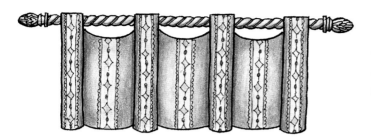

带有箱形褶裥的襻扣窗帘，其底部折边呈扇贝形，而窗帘头呈敞开式。制作这类窗帘适合采用条形布料。

这条帷幔通过在带有纽扣的襻扣上使用一个显露在外的尖头，来为标准的带有箱形褶裥的襻扣窗帘头增添一点创意性的改变。
图案：朱莉娅帷幔
——佩特·梅多斯

圆形且带有纽扣的襻扣用来挂着这条带有褶裥饰带的下垂式窗帘。

大的扇贝形由窗帘头和这条帷幔上的折边组成且小的扇贝形状在褶裥饰带的折边处被重复使用。

在这条帷幔中，在底部的帘子
上面覆盖着一个较小的对比窗
帘。对比的窗帘用纽扣固定在
适当的位置上。

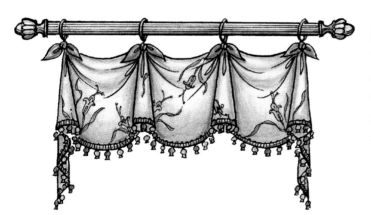

这款设计属于休闲类的帝王式
帷幔，并且帷幔上的垂彩带有
些许褶皱。帷幔利用对比的带
子被挂在窗帘套环上。

图案：马利帷幔

——佩特·梅多斯

这条帷幔的顶部通过打成褶而
形成了这种下垂式的窗帘头。

固定的伦敦式遮阳帘通过添加襻扣式窗帘头以及装饰杆来给帷幔增添活泼且休闲的外观。

这条休闲式的垂彩挂在隐藏着托架的装饰杆上。丝带搭在相衬的团花上，产生出一种帷幔挂在团花上的错觉。

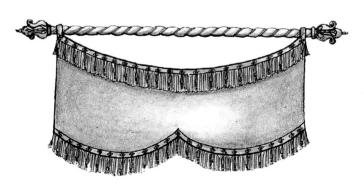

制作精细且带有水晶珠子的金银条须边是这条门帘式帷幔的焦点。

底部套杆式帷幔

这条帷幔仅仅是一款钉有纽扣的襻扣式窗帘且窗帘倒转过来后安装在板子上。

另一种呈扇贝形的襻扣式窗帘的窗帘头经过180°旋转后安装在板子上。

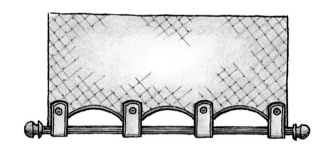

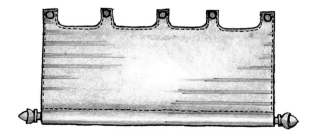

这条帷幔由两个窗帘头组成：一个在其顶部带有襻扣，并且被直接固定在墙上并盖着一个纽扣；另一个置于底部，是一个用来托住窗帘杆的简易套袋。

这条安装在板子上的帷幔在其之字形的折边处带有襻扣，这样杆子可以从襻扣中穿过。围巾挂起来后被握紧了系在窗帘杆上，并用丝绢花覆盖住打结的位置。

很多时候，把窗帘杆置于底部的装饰方式不需要翻边部分。在这里，扁平的窗帘挂在涌向墙面的团花上。

装饰丝带呈条状且沿着这条帷幔的表面向下，并且在末端固定以便托住杆子，然后在结尾处把丝带打成蝴蝶结。

拉起式帷幔

条拉起式帷幔在其窗帘头处有最高点和最低点。帷幔由最高点通过以下几种类型的零部件挂起来：

团花

王冠

把手

墙面挂钩

天花板挂钩

窗帘钩

把手或挂钩上的套环

· 大多数设计不适合采用比较厚重的布料。

· 对于带有垂彩或瀑布状花边的任何样式而言，悬垂性是一个重要的考虑因素。

· 当使用墙面挂钩或把手时，要考虑到缺少可用的翻边空间。

· 利用内衬来增加轻质或软的布料的稳定性。

· 始终要采用相同或对比的衬里。

· 在悬挂着垂彩的设计中不易使用带条纹的布料。始终要与设计师就关于在每一个元素上，条纹应该朝着哪个方向进行协商。

这条拉起式的帷幔通过
增添精致的扇贝形折边
而使其带有法式风情。

两个双重的瀑布状花边构架了
位于这条古典的帷幔中间的宽
幅垂彩。

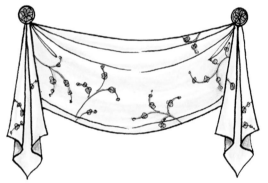

在瀑布状花边上打成结的
窗帘头和位于中间的褶裥
饰带使这条帷幔带有一种
休闲式的外观。

从零部件中获取灵感来创造独特的设计，例如这条侧面带有两套褶裥饰带的拉起式帷幔。

图案：拉起式帷幔

——佩特·梅多斯

多种元素在这条富有想象力的帷幔中优美地结合在一起。

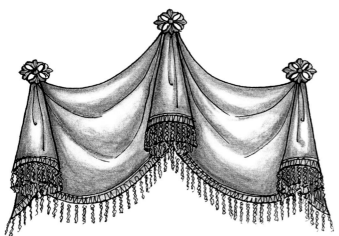

当为这条帷幔选择布料的时候，悬垂性是关键。

图案：拉起式帷幔

——佩特·梅多斯

富有创意性地使用零部件可以
把任何设计变为一种高级的时
尚装饰，例如这条通过装饰套
环来挂在装饰挂钩上的襻扣式
帷幔。

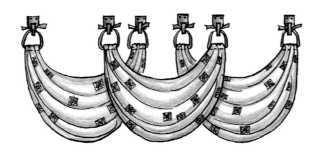

带子穿过这些敞开式垂彩顶
部的套袋后，被挂在墙上的
挂钩上。

朴素的垂彩挂钩可以通
过丝绢花来装点，以便
使其具有定制的格调。

这条安妮女王式帷幔通过添加挂着垂彩的窗帘头来更新它的外观。

一系列垂彩通过带衬料的褶裥饰带和翻袖的窗帘头来装饰。
图案：衬料帷幔
——佩特·梅多斯

尖顶处钉着纽扣的挂旗被安置在扁平的背景幕上且通过配有玫瑰形饰物的翻袖窗帘头来凸显出来。
图案：玫瑰形饰物帷幔
——佩特·梅多斯

一个连续的对比滚边使这幅装饰中的优雅线条突出。

带有之字形折边的扁平门帘上装饰着褶皱的绳子。在绳子的顶部配有襻扣，而在末端配有流苏。

在这条门帘上，造型突出的折边与带金属扣眼的襻扣使门帘能够挂在墙面的挂钩上。

窗帘装饰头被附着在天花板上，而帷幔利用简易的襻扣挂在窗帘装饰头上并创造出一种富有戏剧性的设计。

位于窗帘头上的环结使
这条下垂的帷幔能够挂
在团花上。

如同在这条拉起式帷幔中所
看到的，天花板挂钩可以与
墙面挂钩或团花一同使用。
如果你有顶冠饰条，但需要
为设计增加额外的高度时，
这种装饰是一个很好的解决
方案。

当使用这些天花板挂钩时，
让零部件给予你一些启发。
如果你不想把壁纸的边缘或
饰边覆盖上，使用天花板挂
钩则是一个很好的选择。

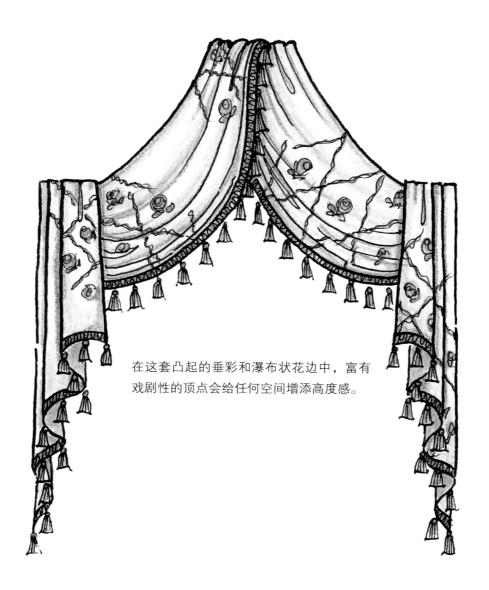

在这套凸起的垂彩和瀑布状花边中，富有
戏剧性的顶点会给任何空间增添高度感。

垂彩托架与装饰杆组合在一起，构成了这条多
层次的下垂式帷幔。

褶皱式帷幔

褶皱式帷幔是一种安装在板子上的装饰，且含有褶裥作为其主要的设计元素。

- 采用易卷曲并且可以保持住折痕的布料。
- 采用经过高温熨烫后能够在适当的位置上被压成折痕的布料。
- 不适合采用非常厚重的布料或100%涤纶织物。
- 如果需要加内衬，不要使用隆起的或是厚重的法兰绒，除非你不需要这种易卷曲的外观。采用棉花聚内衬，它能够保持住褶裥的折痕。

用对比布料制成的倒转的
箱形褶裥在折边处用带子
系在一起。

在这条扁平的帷幔中，呈刀形褶
皱的皱边修饰着底部的折边。装
饰带被应用到边缘处，以及扇贝
形之间。

钟形的褶裥经过剪裁后在折边
处形成了一个尖顶且采用对比
的布料，以及贴边镶边，并用
一个纽扣来装饰。

一系列呈角度的褶裥与精心设计
的折边组合在一起，创作出了这
条漂亮的帷幔。

这条帷幔通过把瀑布状花边
的折边设计为之字形，从而
使帷幔带有趣味性。

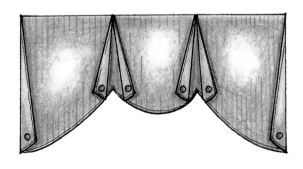

布置在这条帷幔两侧的礼服式褶
裥，连同扇贝形的下摆线使这款
男性化的装饰变得柔和。

刀形褶裥沿着位于中间的箱形褶
裥向外侧折叠。倒转的V字形折边
用装饰带来镶成边。
图案：现在用于装饰温莎帷幔

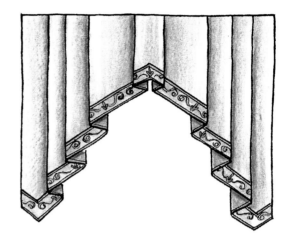

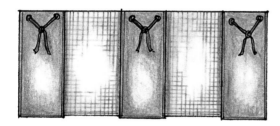

大的箱形褶裥通过在每一个褶裥
的顶部放置金属扣眼而使其具有
不俗的格调且带子可以穿过金属
扣眼。

倒转的箱形褶裥利用位于其
两侧的两组纽扣来钉在适当
的位置上。

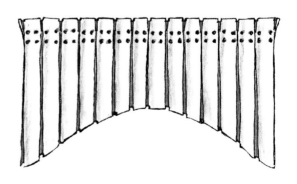

简单的结构通过与优雅的线条，以及良好的比例相结合，创作出了这条古典的帷幔。

元素具有创新性地组合在一起且均衡地进行重复是这条帷幔得以成功的关键。

图案：马德琳帷幔

——佩特·梅多斯

在这里，简单是关键。一个深的倒转箱形褶裥和折边处的翻转的扇贝形状构成了这个古典的帷幔设计。

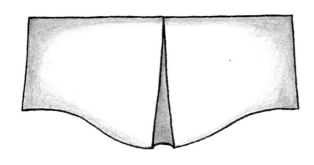

许多不同的褶裥样式并列在一起形成了这条棱角分明的帷幔。

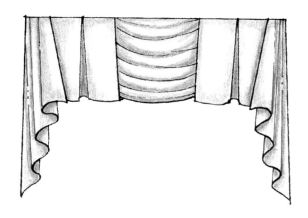

呈扇贝形的檐口顶盖支撑着这条简易的箱形褶裥帷幔。

位于这条帷幔中间的窗帘片呈刀形褶裥状，并且从中间以相反的方向排列。门帘在两侧的折边处呈蜿蜒的扇贝形状。

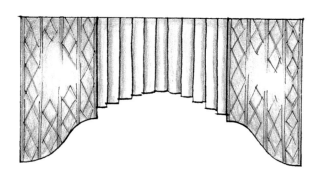

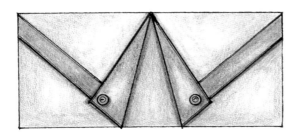

呈V字形的毛条窗帘上带有对比的滚边且剪裁后形成了礼服式的褶裥，然后用纽扣固定住以便显露出下面的一层。

这条古典的礼服式帷幔在中间的位置打成褶，并且用纽扣固定住以便显露出对比布料下方的一层。

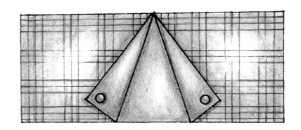

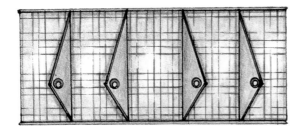

在这款设计中，只使用半个礼服式褶裥，然后从中间把褶裥向外侧折叠起来并用纽扣固定住。

这条模仿罗马帘的帷幔装饰着对比的且带有纽扣的带子。图案：现在用于装饰类似罗马式的帘子

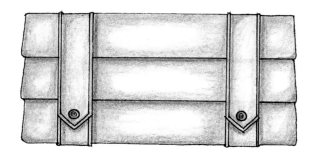

这条带有衬料的模拟式的罗马帘，通过在衬料上添加纽扣而使其增添了趣味性，以及制作凹口使流苏可以挂在折边的位置上。

在任何模拟式的罗马帘中，其底部折边处采用定制的造型可以为朴素的设计增添一种新的风格。

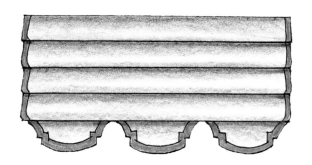

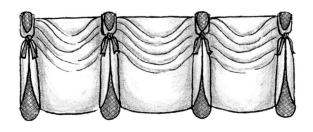

在这条帷幔中，下垂部分的两侧放置着喉咙敞开式的杯形且敞开的杯形朝向正面，并显露出对比的衬里。

这条整齐的且带有杯形褶裥的帷幔上装饰着一条围巾。围巾穿过褶裥后在两侧系成蝴蝶结。

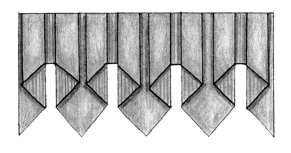

易弯曲的折边和对比的衬里创造了这款具有趣味感的设计。

利用你的想象力来创作基本的设计方案，并使其成为你独有的。在这里，在檐口的顶盖上添加钉头以便形成一种新的外观。

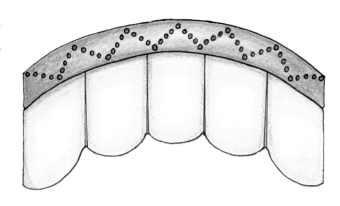

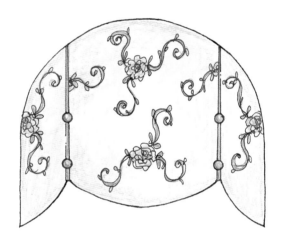

一个完整的半圆形的拱形上带有倒转的箱形褶裥，而扇贝形的折边可以使任何正方形的窗户看起来是一个高大而优雅的拱形。

经过布置且呈拱状的檐口顶盖，其边缘处镶着对比的贴边以便作为各自帷幔的基础。帷幔上带有倒转的箱形褶裥。

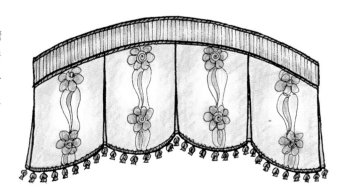

层状帷幔

层状帷幔是一种带有多层布料的设计且彼此堆叠在一起而营造出对比和视觉上的趣味性。它们通常包括一到两个里层和一个上层。

· 对比的布料是设计的关键。采用颜色、图案，以及质地有对比的布料。
· 在有些设计中，厚重的布料可以用来作为里侧的帘子，但应该避免作为顶层的帘子。但在大多数情况下，这些设计不适合采用厚重的窗帘。
· 带有大图案的布料不适合作为里侧的帘子。
· 当选择窗帘的颜色时，要记着深颜色会显露在前，而浅颜色退后。
· 对于里侧的窗帘来说，有必要采用厚重的内衬或稳定装置来避免下垂，并保持住窗帘的造型。

这条帷幔通过采用经典的比例规则，以及在褶裥饰带中嵌入对比的布料来保持平衡的状态。

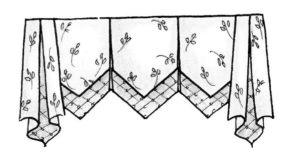

另一种类型的帷幔被拉长到几乎是自身原有长度的两倍。褶裥饰带和下面的一层帘子相应地延长。

这条古典的帷幔包含中间带有褶裥饰带的敞开式垂彩，以及安装在褶皱背景上的瀑布状花边。

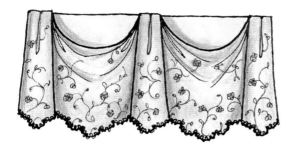

在这条边缘呈扇贝形的帷幔中，敞开式的垂彩使里侧对比的帘子显露出来。

在这条系带式的帷幔上，其对比的里侧帘子在折边处单独形成了一组扇贝形。

在这条帷幔中，里侧的帘子用来作为勺形窗帘头的背景幕。对比的饰边和带子为设计中的不同元素增添了连续性。

图案：克劳汀帷幔（改良的）

——佩特·梅多斯

这条古典的包头巾式帷幔通过其底部呈刀形褶皱的皱边来加以强化。对比的带子有助于使装饰居中，并突出了垂彩的最高点。

图案：现在用于装饰衬裙状帷幔

顶层的帘子带有简易的倒转式箱形褶裥和摩洛哥式折边，并通过在下面添加气球式垂彩而使其外观变得丰富。流苏沿着折边强化了顶层帘子的垂直线条。

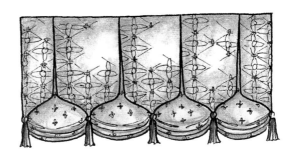

这条帷幔的顶层带有一个呈勺形褶皱的窗帘头，以及在每个褶裥之间有一个垂彩式的袖口。在每一部分中略微呈圆形的折边重复着垂彩的轮廓。

这条古典的帷幔通过把顶层的帘子分成几个部分而使其具有趣味性。置于两侧的帘子安装在中间窗帘的顶部，它们被剪裁得稍微长一点以便创造出一个递进式的折边样式。

几个翻转的瀑布状花边与褶裥饰带被安置在呈下垂状帘子的顶部，进而创造出了这条帷幔。下面一层对比的帘子作为醒目的基础用来突出垂彩的造型。

三条手帕式挂旗被分别挂在其下呈下垂状窗帘的顶部，以便营造出一种深度感。置于里侧的窗帘用来作为这些元素的基础。

图案的位置编排是这条帷幔的关键。位于中间的醒目的主题在这款设计中得到非常好的强调。

这款系带式的帷幔在其顶部有一个对比的带子且同置于下侧的门帘相匹配。

图案：系带式帷幔

——佩特·梅多斯

在这条朴素的、倒转式箱形褶皱的帷幔中，在其底部加了一系列花彩从而创造出这款对比醒目的样式。

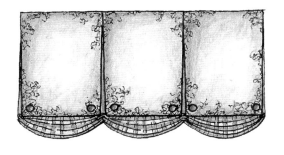

气球式帷幔

气球式帷幔是一款固定式的设计，其底部的折边处使用褶裥、褶皱的带子或套环和绳子拉起来，以便创造出一系列的气球式垂彩。

· 不适合采用较厚重的布料或带有大图案的布料。轻质且柔软的布料会创造出优美的设计。
· 对于很多设计来说，悬垂性需要给予重点考虑。
· 利用内衬来给轻质或柔软的布料增加稳定性。
· 有些气球式帷幔可能需要一些辅助，以便保持它们的造型。在衬里布料中嵌入气泡状的衬垫来增加体积感。

在这条扁平的门帘中，折边处覆盖着一条围巾式垂彩，并装饰着递进的绳子和流苏。

两个领带式褶裥饰带架构了这一系列带有倒转的箱形褶裥的气球造型。

带有递进式折边的手风琴式垂彩由装饰绳和流苏分隔开。

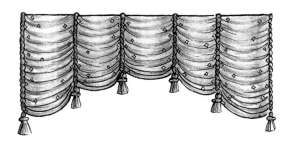

这幅休闲的、并且模仿伦敦式的遮阳帘用褶皱的带子拉起来。带子被长的丝带蝴蝶结覆盖着。

用套环和绳子在这条模仿伦敦式的遮阳帘中创造出深长的垂彩。

这条模仿伦敦式的遮阳帘中，长的、对比的带子用来托住位于中间的垂彩。

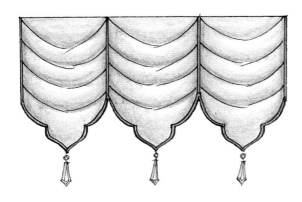

对比的贴边把这条帷幔分为3个部分，并且在外侧的边缘处镶上滚边。

在这条气球式的帷幔中，褶裥被分隔开且相距较远，以便营造出一种休闲的外观。同时，用玻璃珠来突出顶尖。

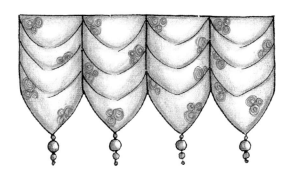

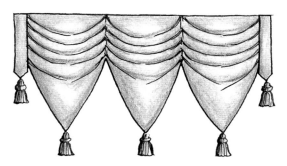

领带式的褶裥饰带安置在这条帷幔的两侧，以便架构出垂彩的内部。

气球式垂彩挂在置于铁质檐口上的菱形帷幔的下面。

在这条人造的伦敦式遮阳帘中，其顶部覆盖着深长的扇贝形挂旗，并且在挂旗的边缘处镶着箱形褶皱的褶边。

这条模仿气球状的帷幔带有一个扇贝形的折边，同时镶着对比的边缘和带子的窗帘头

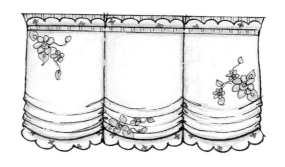

这条模仿伦敦式的遮阳帘中，折边处深长的手风琴式褶皱的褶边为遮阳帘增添了一点女性化格调。

这款设计突出了主教袖筒式的褶裥饰带。褶裥饰带在其末端打上结，并作为元素被置于中间。

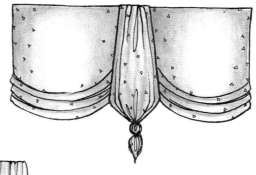

这条单扇休闲式的垂彩，在其两侧放置着打上结的主教袖筒式的褶裥饰带。

门帘式帷幔

门帘式帷幔作为一种主要的设计元素，其具有扁平、硬直且按照面、部分或造型来分类等特征。

门帘可以同如下元素结合使用：

褶裥饰带

瀑布状花边

尾饰

垂彩

挂旗

- 门帘要硬一点并加衬里，以避免下垂及起皱。
- 有些设计适合采用大的图案。
- 选好一种主题，并小心地标记出图案的位置。
- 厚重的布料可以用于设计中的一些扁平的元素中。
- 利用贴边料和滚边来强调门帘的造型。

对比的滚边把这条门帘分
为3部分，小的木制窗帘
装饰头用来作为流苏。

装饰滚绳和流苏把门帘分为与
其之字形滚边相一致的几部
分。

在这条门帘中，嵌入的与众
不同的造型支配着里侧帘子
与滚边的形状。

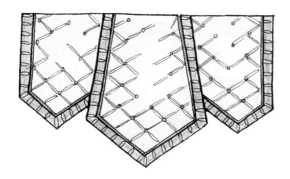

一扇W字形的里侧窗帘，在其顶部覆盖着宽幅的领带形状的门帘，进而创造出了一条有趣的下摆线。

两扇折边处呈相对的之字形的帘子组合在一起，创造出了一个呈菱形的滚边。

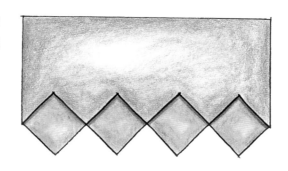

一系列完整的和一半的三角形造型彼此堆叠在一起，形成了这款带角度的帷幔设计。

镶有滚边的和不带有滚
边的标旗组合在一起，
创造出了这款受哥特式
风格所启发的设计。

安装在顶部和里侧的扇贝形，
以及半扇贝形造型组成了这幅
简易的装饰。呈钟形的布料与
其上配有的珠子饰物组成了装
饰两侧的顶尖处。

位于里侧且呈拱状的窗
帘用来作为这三个镶着
滚边的标旗的背景幕。

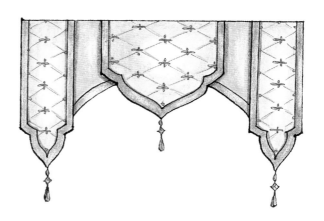

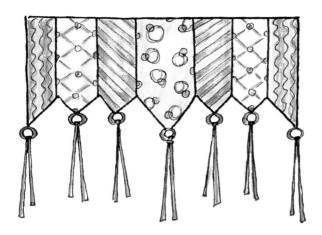

这条领带式的帷幔最终通过
配上套环来完成，并利用带
子系起来而形成一个有趣的
外观。

一点位式挂旗堆叠在一起，
形成了这款多层次的装饰。

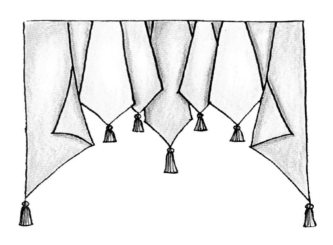

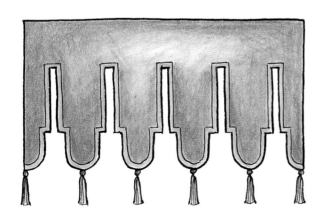

这一条门帘经过剪裁后形成了
一条制作精良的下摆线，并且
在门帘的边缘处镶着对比的辫
带以便使门帘看起来好像有多
个部分。

尽管这是一条圆形的、扁
平的门帘，但它看起来像
是沿着这条帷幔的表面而
垂挂着。

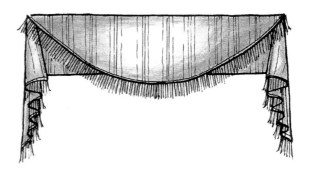

对比的辫带和玫瑰形饰物用来
组成一种图案，这种图案用来
吸引人们注意门帘上呈扇贝形
状的折边。

两条造型相同的门帘彼此堆叠在
一起，并且显露出下面的一层。
褶裥饰带的造型重复着门帘顶尖
处的形状。

这条拱形的门帘在其两侧带有衬料且衬料通过丝带系在一起。

这条呈拱状的门帘用来作为与其相衬的瀑布状花边的背景幕。

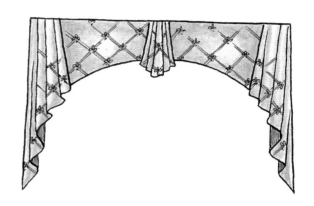

这条门帘与其上配有的瀑布状花边看起来像是一个连续的整体。

深的倒转式箱形褶裥利用奢华的丝质蝴蝶结系起来，从而在这款简易的设计中形成了一种丰富的装饰效果。

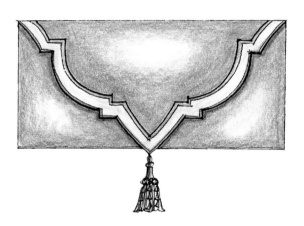

整齐的檐口上装饰着一个大的袋盖。袋盖经过剪裁后形成了一种制作精良的形状，并且在边缘处镶着对比的布料及饰边。

长度与宽度递增的标旗简单地垂下来，并搭在装饰杆上。最后，多层次的饰边完成了这款设计。

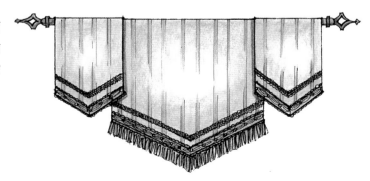

在这条帷幔中，陡峭的顶点处装饰着水晶饰品和流苏。

带有一个顶尖的门帘彼此堆叠在一起，组成了这款多层次的、呈拱状的装饰。

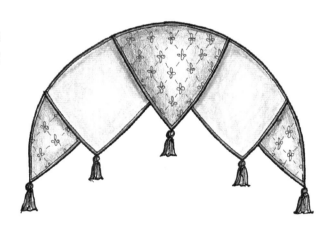

在这条居中的门帘上带有一个制作精良的、呈摩洛哥式的尖顶，门帘置于两侧一对尖的门帘的下方。

这条在中间的位置上交叉的门帘，通过在两侧放置一对儿简单的褶裥饰带来保持平衡。

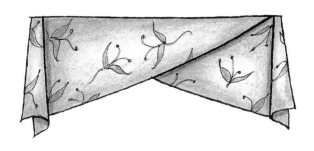

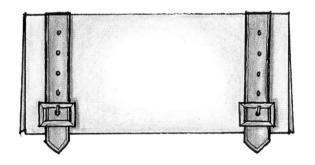

带有铜扣的皮带用来装饰着这条扁平的门帘。

在这款结构复杂的设计中，许多经过小心放置的线条和角创造出了这个优美的装饰效果。

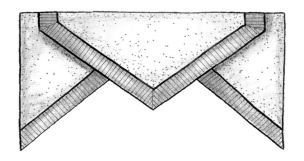

在这个装饰中，三角形的造型并置在一起，营造出一种位于中心的平衡感。

在这条帷幔中，两条递进的三角形门帘叠在一起，并覆盖在宽幅的瀑布状花边的上面。

图案：现在用于装饰卡斯塔式帷幔

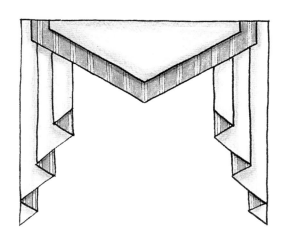

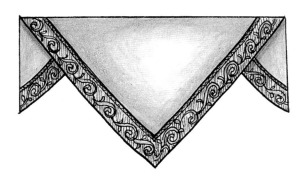

在这条门帘上，宽的绣花饰边和辫带用于组成一种强烈的滚边。

不同大小的、深长的扇贝
造型堆叠在一起，并镶着
配有带子的流苏须边。

尖顶的标旗上镶着对比的贴
边，并且被安装在这条扁平的
帷幔中。

图案：现在用于装饰肯辛顿式
帷幔

在这款设计中，位于檐
口处的褶裥有助于软化
其鲜明的轮廓线。

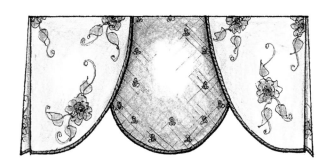

在这条帷幔中，居中的门帘
利用了一个很好的机会来突
出这幅大的装饰主题。

这条倒转的箱形褶裥顶部
覆盖着3个带有一个顶尖的
标旗。

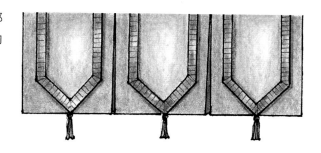

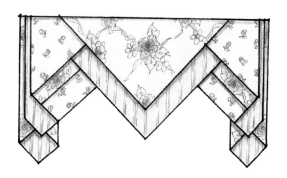

折叠精确的几层布料组成了这
款错综的几何式帷幔设计。

在这条帷幔中，底部折边处的大胆造型在顶层以及相衬的瀑布状花边中重复使用。

带有流苏的尖顶式门帘作为中心位置装饰，使这些独特的且连在一起的瀑布状花边在帷幔的中间处重合。

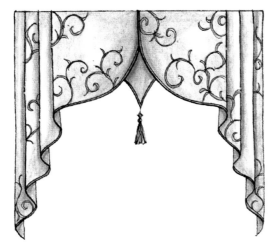

加宽的且连在一起的瀑布状花边位于中间的门帘两侧且门帘配有褶裥饰带。瀑布状花边创造出一种具有流动感的装饰效果，并且使整个帷幔看起来好像是由一匹连续的布料制成的。

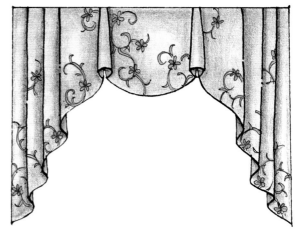

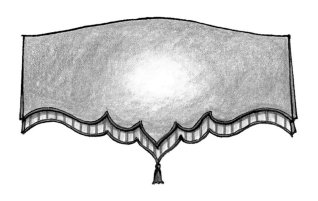

这条呈眉弓状的门帘在中间形成了一条优雅的曲线。里侧的窗帘在底部显露出来，形成了一条对比的条纹。

这条有角度的门帘通过安置在一侧的且与其呈相对角度的瀑布状花边来保持着平衡。

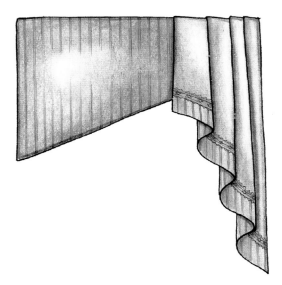

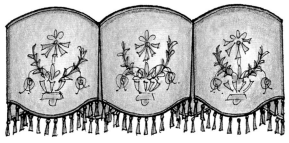

由3个拱形组合成一组，覆盖在这条箱形褶皱的帷幔上。而呈扇贝形的底部通过流苏须边凸显出来。

在这条帷幔中，位于中间的门帘上之字形的折边在褶皱的侧帘上重复使用。

褶皱的侧帘从这条呈拱状的门帘上垂下来。

铁质的窗帘王冠倒转过来后安置在门帘的上面，从而创造出了这款丰富的帷幔设计。

在这条帷幔中，位居中间的门帘几乎被褶皱的瀑布状花边和中间的褶裥饰带覆盖住。

3个敞开式的垂彩挂在整齐的门帘上。门帘由两幅瀑布状花边架构出来且瀑布状花边上带有圆形的翻转领边。

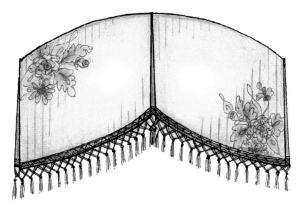

一条呈拱形的门帘中间位置上带有倒转的箱形褶裥。门帘居中，并且在折边处镶着带珠子的须边。

帷幔装饰

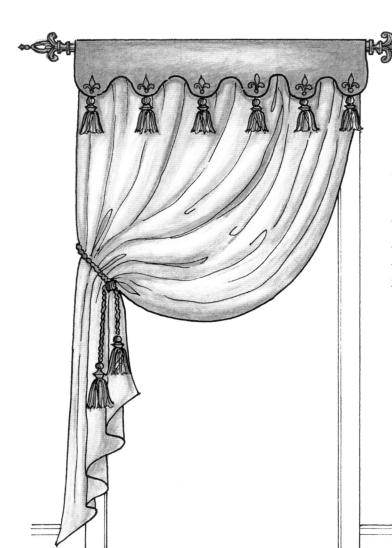

这条短款的门帘式帷幔使人想起了中世纪时狂欢节中使用的帐篷。连续的扇贝形边缘上装饰着刺绣的鸢尾花和相衬的钥匙状流苏。门帘恰好安装在窗帘杆上面的板子上。在帷幔的翻边处有一个凹口，可以使窗帘杆穿过去。里侧的窗帘带有一个套杆式窗帘头且窗帘在杆子上打成褶，然后再用相衬的流苏带子扎起来。

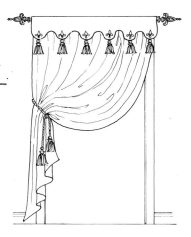

在褶皱的侧帘领边处镶着对比的
滚边和贴边且侧帘的顶部覆盖着
扇贝形的门帘式帷幔。侧帘与门
帘式帷幔在其底部的折边处都镶
着对比的流苏须边，从而使底部
的线条呈现出一种统一的外观。
固定且呈褶皱的里侧窗帘上镶着
对比的滚边，滚边延续着由帷幔
的滚边而形成的垂直线条。

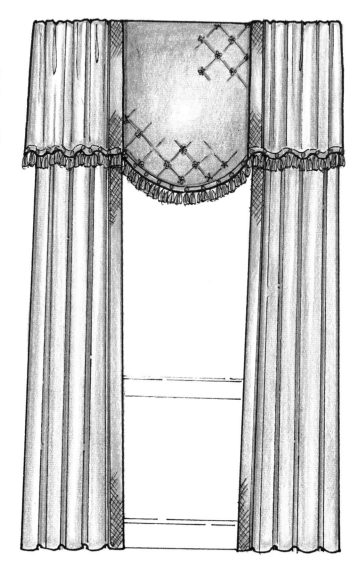

在这条呈M字形的帷幔中，褶皱的瀑布状花边构成了位于中间的门帘。装饰性穗带经过精心的设计后用于装饰的表面，并与窗帘布上的图案形成互补。穗带也同样与带有珠子的须边一起镶在底部的折边处。

由背带制成的装饰性绣花丝带
托着这幅模仿伦敦式遮阳帷幔
的两侧。带有珠子的流苏须边
镶嵌在折边的边缘处，形成了
另一种垂直元素。丝带呈条状
在窗帘的折边处重复使用，从
而使装饰的底部与其顶部保持
着平衡。

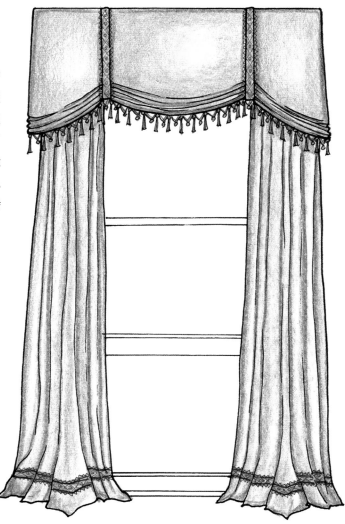

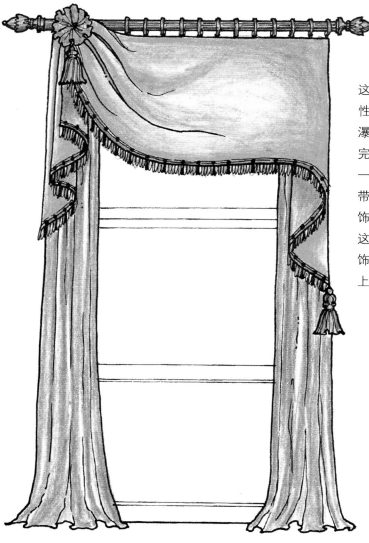

这条扁平的帷幔一侧配有具有娱乐性的垂彩且帷幔扎起来后与堆叠的瀑布状花边和甘蓝花饰聚在一起。完整的瀑布状花边安置在窗帘的另一侧，营造出一种和谐的平衡感。带有相衬流苏的对比衬里和装饰性饰边突出了帷幔上流动的线条。在这里所展示的帷幔通过套环挂在装饰杆上，同时也可以安装在板子上。

利用对比的装饰带制成的滚边突出了这条门帘式帷幔上柔软的圆角。在这条帷幔中，里侧的窗帘所使用的对比布料在帷幔领边的边缘处重复使用。带有纽扣的玫瑰形饰物位于中间，并完成了这条帷幔设计。

图案：现在用于装饰带有木兰花样式的室内帷幔

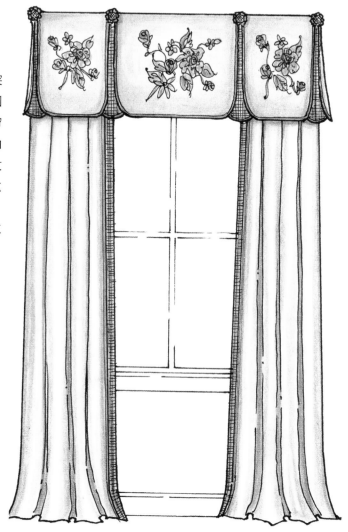

两个1/4圆在这条门帘的中间处汇聚，而门帘的另一部分安置在下侧且显露出呈扇贝形状的折边。扇贝形状倒转过来，在顶层帘子的边缘处、窗帘的折边处，以及安装于下方的罗马帘的折边处重复使用。通过在窗帘中添加一个虚假的里层来突出装饰上的多层次的外观。顶层的帘子被缩短后以显露出扇贝形状的折边。窗帘被安装在帷幔下面的横杆上。务必要在帷幔上留有一定深的翻边部分，以便调节里侧的装饰。

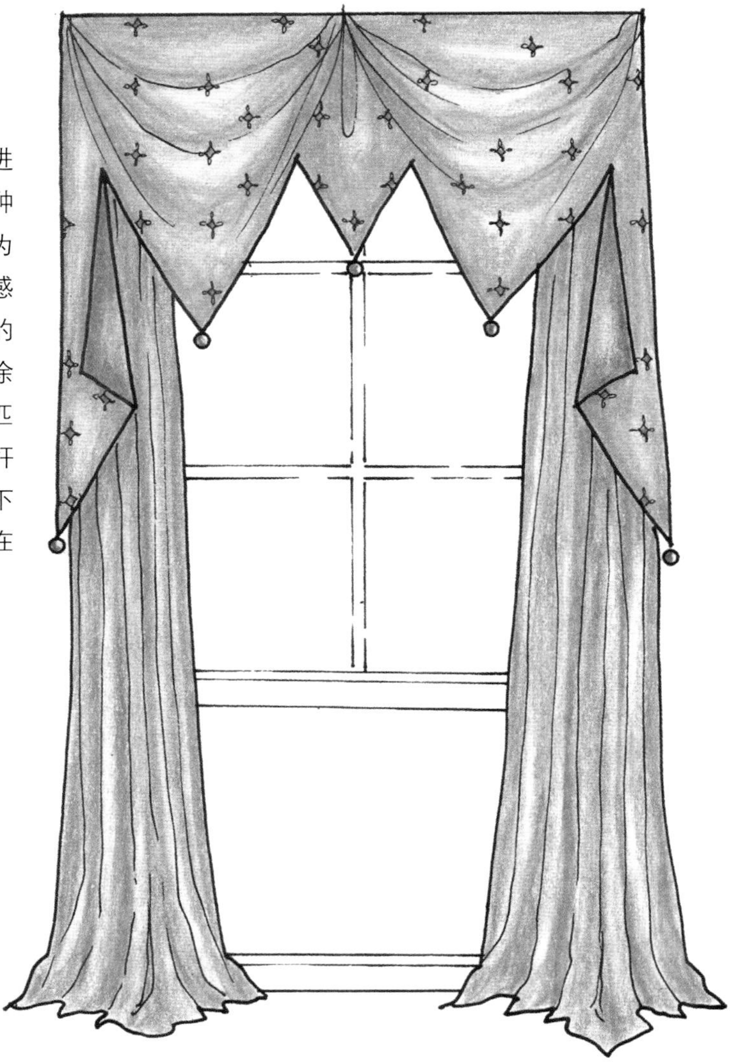

通过在帷幔中制作一系列递进式顶尖而使这款设计带有一种古怪的外观。下垂的窗帘头为尖锐的线条增添了柔软的感觉。对比的衬里在位于侧面的折叠的尖顶处显露出来。被涂上颜色的木制珠子与布料相匹配，并突出了尖顶。带有套杆式窗帘头的侧帘安装在帷幔下方的系带杆上，系带杆安装在板子上。

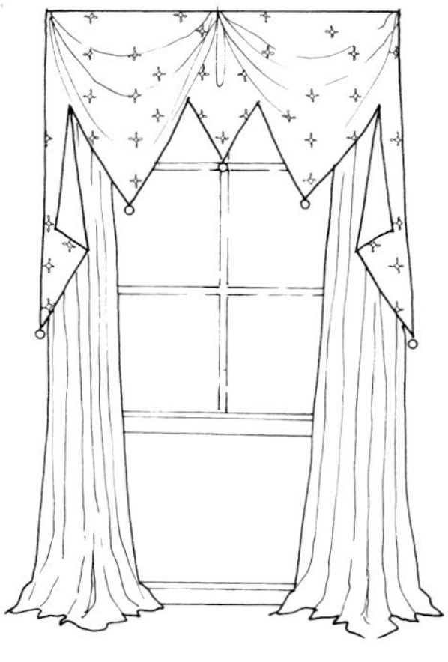

这条复杂且精细的门帘式帷幔利用多种元素来营造出和谐的平衡感。装饰穗带覆盖在装饰的顶部，而扁平的带子或辫带用来镶在底部的折边处，从而形成了鸢尾花饰并突出了每一个尖顶。鸢尾花饰挂在尖顶处并用来突出设计的开阔性。固定的窗帘被扎起来呈优雅的垂彩状，并且折叠后放置在相衬的鸢尾花窗帘钩的后面。鸢尾花窗帘钩位于高处，并且呈向上的角度以便引导着目光朝向美丽的帷幔。

在这款丰富的窗饰中，在帷幔和长的主教袖筒式的瀑布状花边中，蜿蜒的线条在其下垂的扇贝造型中重复使用。垂彩沿着帷幔的表面延续到顶部，从而创造出一个焦点。编好的玫瑰形饰物放置在每一个垂彩的高点，以及主教袖筒上。里侧的窗帘安装在墙上的系带杆上，而瀑布状花边被直接安装在帷幔的板子上，从而可以自由地悬挂。

这条短款的门帘造型独特，在边缘处镶着对比的布料。它覆盖在这对儿美丽且呈下垂状的垂彩上。垂彩的衬里采用对比的布料制成，并且在固定的侧帘中重复使用。布料被紧紧地系在一起，使窗帘形成了一种非常修长的轮廓，从而使拖地处具有一种戏剧化的外观。为了使窗帘保持修长的宽度，窗帘头打成褶并安装在一个小的板子上。没有门帘，这款设计同样非常可爱。

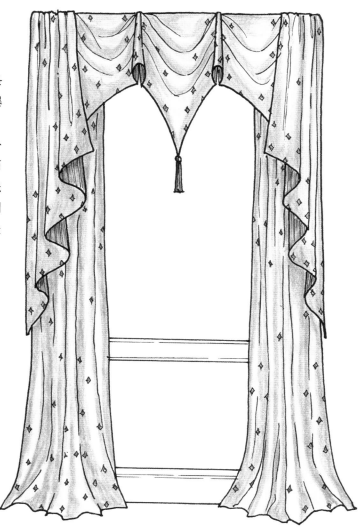

一个醒目的中间点支配着这条流动的下垂式帷幔。长幅的瀑布状花边构架出中间的垂彩，并为这款设计增添了流动的外观。对比的衬里显露在外，而一个流苏强调出装饰修长的线条。帷幔安装在板子上，而侧面带有套杆式窗帘头的窗帘挂在系带杆上。

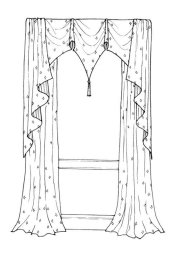

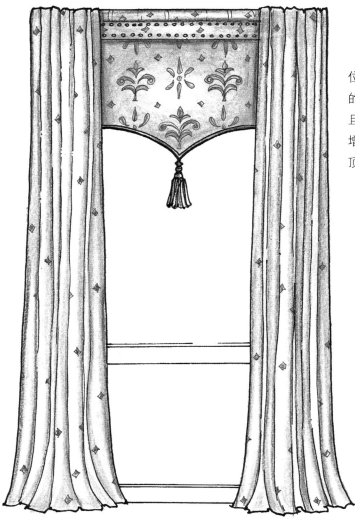

位于中间的门帘上安置着配有带子的窗帘头。门帘上装饰着钉头，并且通过添加一个大的钥匙状流苏来增加重量。瀑布状的侧帘从门帘的顶部垂落下来并架构出窗户。

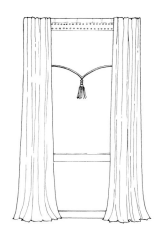

连续的扇贝形饰边突出了这款
窗饰设计中的每一个元素，并
且为这个具有明显的传统样式
的窗饰增添了趣味性的一面。
用于组成帷幔的垂彩与瀑布状
花边通过交叉的褶裥饰带安置
在中间。瀑布状花边和褶裥饰
带的内衬用对比的布料制成。
对比的布料在绳状的贴边料中
重复使用且绳状的贴边料用于
分隔扇贝形饰边与窗帘。相衬
的窗帘钩完成了这款设计。

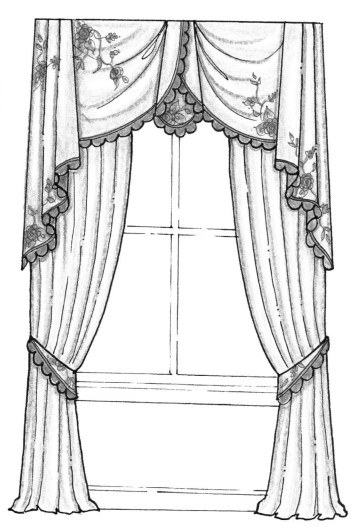

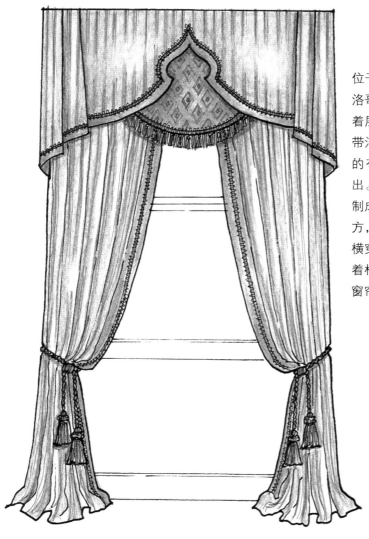

位于中间的门帘上带有剪裁成摩
洛哥式的造型，且在其两侧放置
着层状的瀑布状花边。装饰性穗
带沿着底部滚边和瀑布状花边上
的有趣线条，并使这些元素突
出。位于中间且用对比的布料
制成的门帘安装在中心点位的下
方，从而进一步地突出了帷幔。
横穿的窗帘安装在下面，并且镶
着相衬的穗带。流苏挂钩用来把
窗帘扎起来。

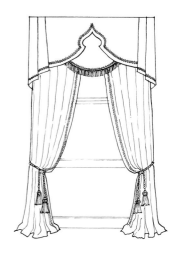

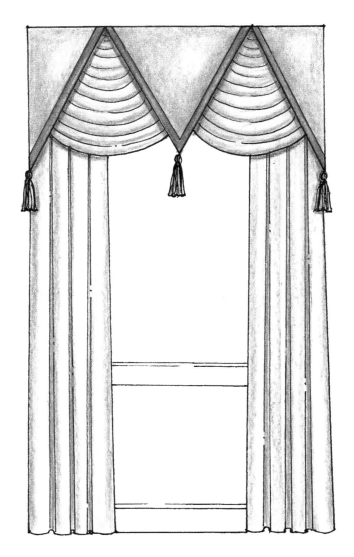

垂彩被安置在这些尖顶的门帘下面，而门帘使这条帷幔带有一种强烈的几何效果。置于里侧且打成褶的正式窗帘所形成的强烈线条强化了帷幔。顶尖处的边缘镶着对比的滚边。

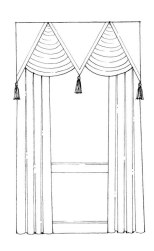

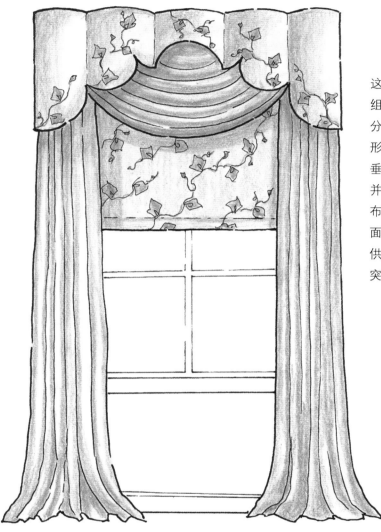

这条独特的帷幔由灵活的板子组成。它被分为几个圆形的部分且经过剪裁后呈精细的扇贝形和拱形的折边。对比的宽幅垂彩和侧帘挂在帷幔的下方，并放置在一个扁平的、由窗帘布料制成的卷轴式遮阳帘的前面。遮阳帘用于调节光线并提供私密性，同时还作为背景幕突出了垂彩。

这款设计巧妙而非过度地结合了几种不同的设计元素。褶裥饰带和瀑布状花边位于扁平的扇贝形檐口的两侧且檐口被缠绕成一幅围巾式的垂彩，以便在装饰中形成一个强烈的视觉焦点。围巾在窗帘的领边处重复使用且优雅地垂下来后别在与檐口中间的团花相衬的窗帘钩后面。使用许多不一致的样式可能会有风险，但是当它经过良好的设计后，也可以呈现出一个优美的效果。

在这条门帘式帷幔上的小的菱形装饰和垂直的带子，以及贴边料通过折边处水平的带子来保持着平衡。这两个元素通过位于带子交叉处的大的菱形来固定住。位于侧面的窗帘上带有箱形褶裥，以便确保折叠的部分显露在窗帘的中间处，并使菱形相应地平放在窗帘正面。

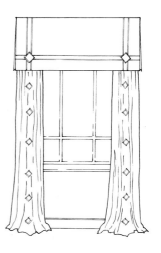

这条富有喜剧性造型的门帘式帷幔上镶着用对比的布料制成的滚边和相衬的流苏。帷幔安装在板子上，并在下面配有一个窗帘滑道以便挂起窗帘。定制的窗帘钩再现了帷幔中使用的设计元素，并创造出了一幅具有平衡感的装饰。

帷幔轮廓

※对于收录了所有帷幔轮廓的一个完整的目录，请参考本书中附带的光盘。

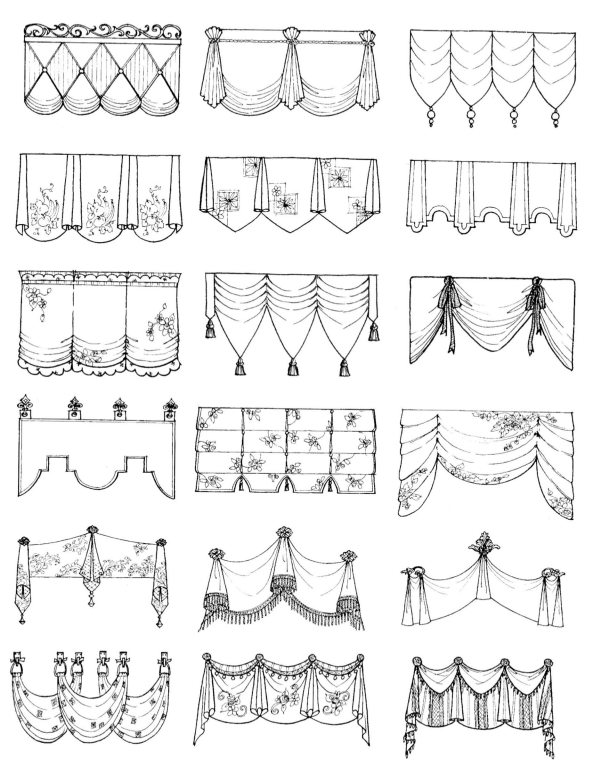

檐　口

硬质檐口

檐口是一种硬质结构的顶部装饰，可以单独使用或与其他的元素结合使用。

· 檐口可以创造出建筑造型，并为朴素的空间增添细节。

· 当墙上可供悬挂的空间有限时，檐口可以作为结构的框架来支撑额外的装饰。

· 除了在装饰设计中使用布料，利用檐口还可以提供一个使用许多材料的机会。

· 当在檐口下方悬挂额外的装饰时，记着要增加檐口的翻边宽度。

· 如果从上面可以看到檐口，就要给防尘罩加上衬里。

· 如果从下面可以看到其内部，就要给檐口加上衬里。

· 当规划檐口的位置和安装方式时，要考虑一下檐口的全长。

· 利用几个部分组合在一起来设计长的檐口，以便于安装和现场操作。

· 檐口的内部硬件结构安装时通常与已给的量度相同。当塞入厚重的填垫料和软垫后，檐口会有所扩张。如果你必须要把檐口放置在一个有限的空间内，则要通过减少1/2″～1″结构的量度以便来调整檐口。

硬质檐口为创意设计提供了多种可能性。

当选择要使用的材料时，要打破常规。

我们将以获得如此独特且引人入胜的装饰作为回报。

装有填垫料和软垫

垫衬物与壁纸边缘相结合

人造的木制浮雕装饰

吊顶板或瓷砖

由手工绘制

用珠子装饰的板子和木制的金银丝工艺品

带有浮雕图案的壁纸

着色的木制与锻铁的细节

装饰性檐口与对比的贴边料和滚边

装饰性檐口与装饰性穗带和流苏

手绘的檐口上覆盖着由流苏托起的花彩滚边

贴着壁纸的檐口与织物垂彩和钥匙状流苏

装饰性檐口与对比的嵌入物

装饰性檐口与悬垂的穗带

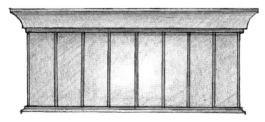

镶木板的檐口

装饰性檐口与装饰性的熟铁框架

装饰性檐口

装饰性檐口是一种硬质的顶部装饰，其中装着垫料并利用布料来加以布置。在它的设计中可以包含其他柔软的元素，从而强化它的外观。它既可以单独使用，也可以同侧帘、窗帘或遮阳帘组合在一起。

一幅檐口的结构

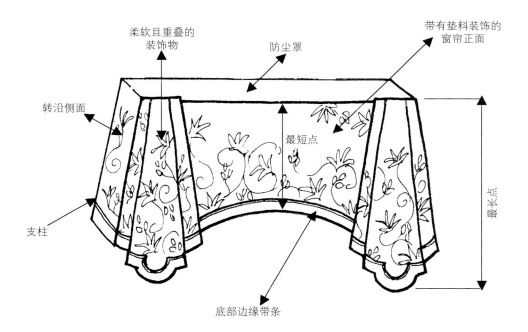

柔软且重叠的装饰物

防尘罩

带有垫料装饰的窗帘正面

转沿侧面

最短点

最长点

支柱

底部边缘带条

基本的檐口造型

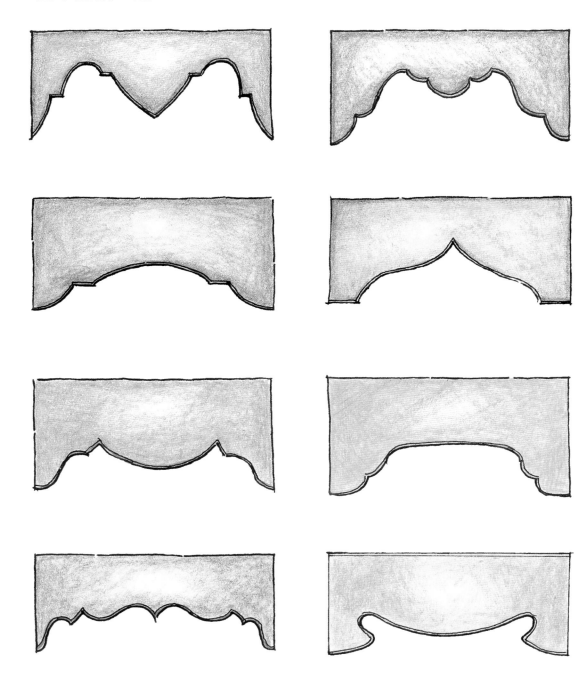

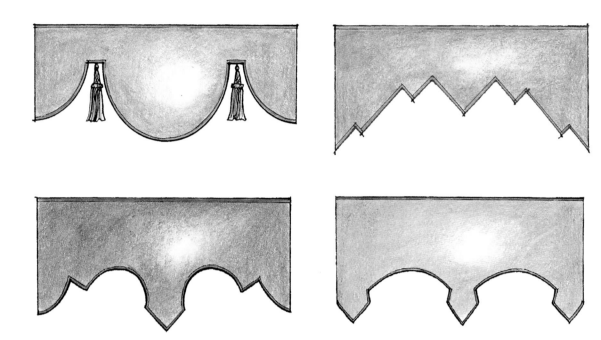

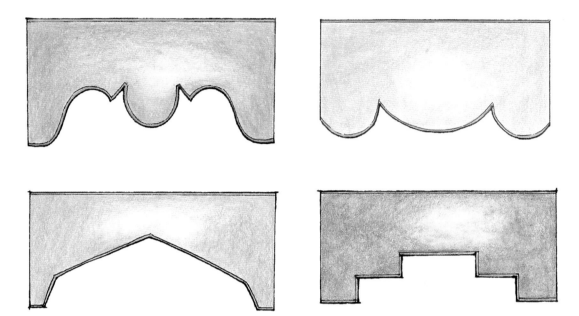

拱形檐口

拱 形檐口是一种呈拱状的软质或硬质的檐口，安置于檐口的板子上。它可以在房间内为已经存在的朴素的窗户增加建筑的结构和造型。

使用粗的贴边可以有助于减弱大的图案。长的流苏环绕着顶部的结，并使这个檐口在中心点保持着平衡。

装饰性零部件以意想不到的方式来安装，并为设计创造了焦点和细节。

位于这个檐口中间的团花在整齐的顶部和扇贝形底部之间营造出一种平衡感。

窗帘的零部件不一定非要来源于一些传统的材料。本案中，使用古董式的大门折页来装饰这个朴实的檐口。

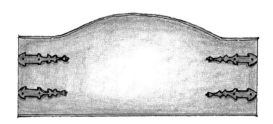

铁质的窗帘王冠是一种用于润色任何装饰的好方法。在檐口的底部，这一款王冠被嵌入到与其相匹配的被剪裁的图形中去。

在这个檐口中，带有装饰性的拱形线条多次重复使用，从而创造出一种令人愉快的韵律感。

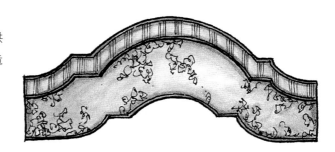

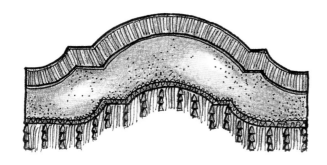

通过在折边处使用带条纹的滚边，以及流苏状的金银条来为这个拱形的檐口增添向上的平衡感。

这款檐口有效地利用了一个镂空的钥匙孔造型，以创造出一个焦点。

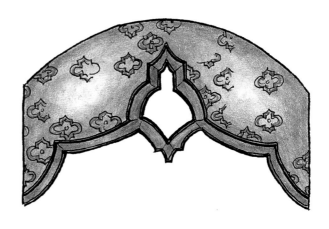

这个简单的檐口被安置在墙面的
两个装饰托架的上面，从而创造
出一种绝妙的古朴的外观。

富有趣味性地使用多种布料和饰
边可以创造出一种精彩且兼容的
设计。

这幅古典的穆斯林式垂彩垂
落在一个对比的檐口上，并
构架出具有趣味性的檐口造
型和对比的布料。

在这个眉弓形的檐口中，位于中间的
团花背靠着一个与围巾式垂彩相衬的
玫瑰形饰物，而垂彩构架出敞开的结
构。相匹配的窗帘钩用来把垂彩固定
在适当的位置上。

框架式檐口

框架式檐口是一种软质或硬质的檐口，在其任意一侧放置着柔软的元素，例如一个褶裥饰带、尾饰或瀑布状花边。这些元素构架出檐口的内部结构，并增添了线条上的平衡感。

凸起式的褶裥饰带安装在这个檐口上，并且与檐口的顶部齐平，而不是高于顶部形成一种不同的外观。

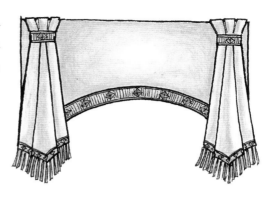

两个褶裥饰带在檐口的正面被设计成一种具有趣味性的造型，并且通过对比的滚边和贴边加以突出。

在这些褶裥饰带的里侧，对比衬里显露在外，并且在这款设计中营造出一种强烈的对比。流苏挂在褶裥饰带内侧的滚绳上。

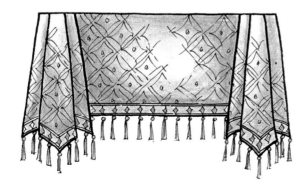

在这个檐口中，所采用的布料上的菱形图案在褶裥饰带的造型中重复使用，同时也在须边中用来装饰折边。

在这个檐口中，装饰性团花用来装饰两点位式的褶裥饰带。

在这个非对称的檐口上，手风琴式的褶皱布料用于构成独特的褶裥饰带。

领带式的尾饰采用互补的颜色排列成一排，并且彼此堆叠在一起后安置在这个檐口的两侧。

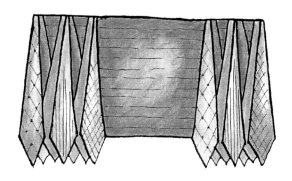

在这个檐口中，扁平的尖顶式侧帘架构出呈尖顶状的中间部分，并形成了一种纤细的轮廓。

在这个檐口中，对比的滚边在双倍折叠的褶裥饰带中重复使用，并且在折边的位置形成了连续性。

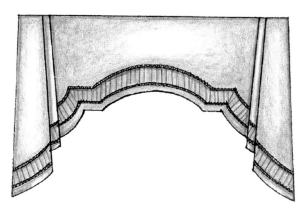

帷幔式檐口

帷幔式檐口是一种硬质或软质的檐口，并且包含一个或多个垂彩作为其关键的设计元素。

扇贝形的垂彩式挂旗上装饰着玫瑰形饰物，并且覆盖在这条帷幔上，从而显露出最高点，并创造出一个穿孔的剪裁形状。

这个简单的檐口上，通过添加一个下垂的且折边处呈之字形的手帕式挂旗来改变檐口的造型。

一对儿对比的且呈敞开状的半式垂彩悬挂在这个精致的檐口肩上。

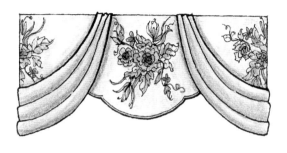

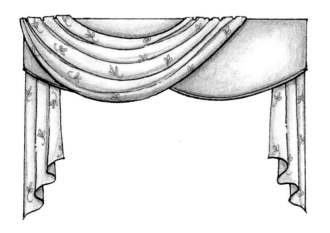

一条休闲的围巾式垂彩覆盖在这个双重扇贝形檐口的一侧，并且在檐口的下方安置着瀑布状花边。

这个檐口的轮廓通过装饰性滚绳和流苏加以强调。装饰性滚绳和流苏沿着垂直的方向，安置在带有手风琴式滚边的垂彩上。垂彩位于居中的帘子的两侧。

带有尖顶的檐口用来作为一对儿短的且呈倒转的箱形褶裥窗帘的基础且窗帘打上结后形成了瀑布状花边。这个装饰作为一种选择，可以用来为较低的窗户增加高度感。

这个檐口上的两个拱形与挂
在其正面的两个扇贝形状的
垂彩相对应。

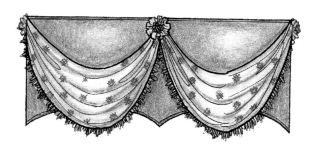

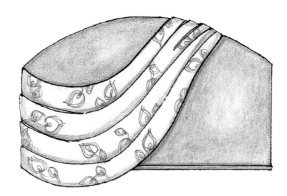

这个简单的拱形檐口，通过
一个休闲式的且深垂下来的
非对称垂彩而使其变得柔
和。

透明的长纱帘以一种随意而
曲折的方式覆盖在这个整齐
的檐口上，并且营造出一种
优雅的瀑布造型。

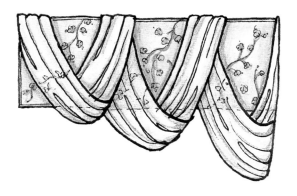

围巾由不加衬里且呈褶皱的布料组成，并且覆盖在这个整齐的檐口上，从而形成了优雅的垂彩和尾饰。

这对儿包头巾式垂彩的顶点处装饰着由滚绳制成的花式且花式与挂在对比的里侧窗帘处的流苏相匹配。

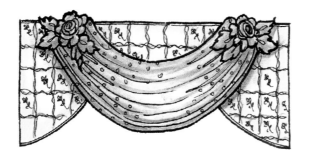

在这个倒转的V字形檐口上，挂着一幅褶皱的且在肩部呈下垂状的围巾。围巾上装饰着大的丝绒玫瑰和叶子。

在这个檐口中，位于其底部的包头巾式垂彩通过两个带有尾饰的超大蝴蝶结来使其居中。

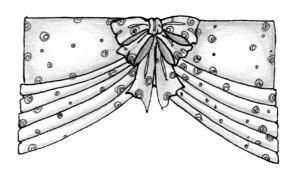

在这个檐口上悬挂着一个流动式的瀑布状花边和一条围巾，它们聚合在一起形成了一个偏离中心的蓬松垫。

团花安置在这个檐口的正面，用来托住一系列的垂彩和一点式挂旗。位于两侧的挂旗环绕着檐口的翻边位置。

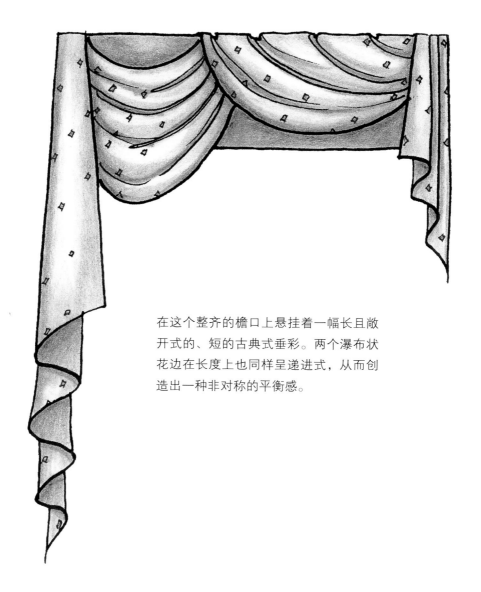

在这个整齐的檐口上悬挂着一幅长且敞
开式的、短的古典式垂彩。两个瀑布状
花边在长度上也同样呈递进式，从而创
造出一种非对称的平衡感。

过肩的垂彩挂在这个檐口两侧，以及宽幅的
瀑布状花边的上面。其中一个瀑布状花边的
最长一点延伸出来，便于打上一个结。

镶边式檐口

镶边式檐口是一种硬质或软质的檐口，并且包含一个线形的滚边作为其关键的设计元素。

一个帐篷式袋盖在这个檐口的表面重叠，并通过一系列的纽扣固定住。装饰性的明线强化了袋盖上呈角度的线条。

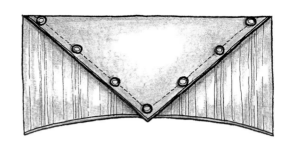

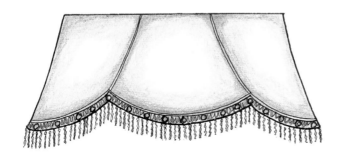

弯曲的贴边和一个扇贝形的折边为这条宝塔样式的帷幔增添了一个新的亮点。

一系列具有造型感的标旗由对比的布料制成，并覆盖在这个整齐的檐口上。标旗与折边相重叠，从而形成了一个尖顶的滚边。

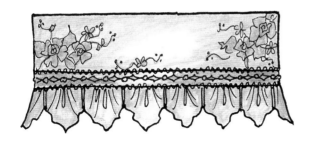

在这个短的檐口上，宽的金银丝带和之字形的皱边镶嵌在其底部的折边处。

当装饰采用多种布料，并相应地调整它们时，应密切关注所形成的几何形状和方向。

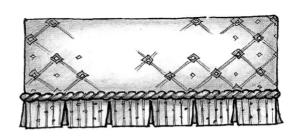

在这个檐口中，一点式的三角旗造型构成了由两层布料组成的滚边的顶层，并且作为背景幕，以便使流苏可以挂在提花饰带上。

透明且褶皱的布料被包裹着从背面至檐口的正面，并且聚合在一起，从而在中间构成了一个甘蓝饰物。

儿童的房间很喜欢这一款。这个整
齐的檐口利用丝带紧密地交叉着，
从而可以使纪念品和珍贵的信物放
置在里侧。

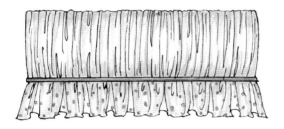

透明的布料在这个整齐的檐口上打
成褶，并利用白色的印花棉布在檐
口上形成线纹状。对比的贴边，以
及带有花式边的透明褶边完成了这
款鼓泡的设计。

可以通过在这个檐口上添加用带子
制成的大胆的滚边或穗带，从而使
这款简单的设计得以变换。

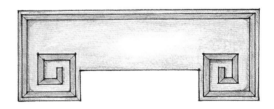

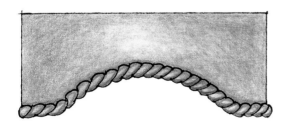

在这条呈拱形的帷幔中，巨大
的填充式绳子镶在折边处。

类似于一个衬衫的袖口，这个
檐口利用简单的细节来产生出
一种巨大的影响力。

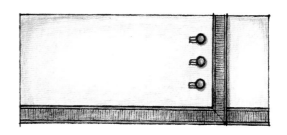

位于中间的窗帘上带有醒目
的图案，而褶皱的滚边和装
饰性滚绳在图案的外侧构成
了一个框架。

在这个檐口上，尖的顶部
会为任何朴素的窗户增添
建筑上的趣味感。

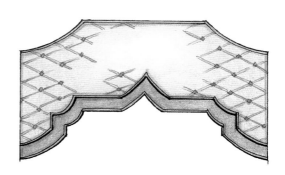

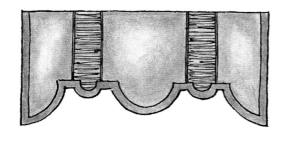

利用互补的布料紧紧地褶皱在一起
而制成的带子，在其边缘处镶着贴
边。贴边所形成的垂直条纹垂直于
这个檐口上的扇贝形折边。

褶皱式檐口

褶皱式檐口是一种硬质或软质的檐口，并且包含一个或多个褶皱的布料作为其关键的设计元素。

褶皱的窗帘片类似于一个楔石，并且环绕在这个檐口的中间处，从而形成了一个焦点。

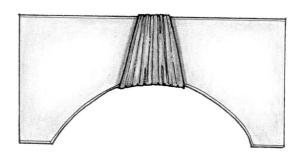

在这个檐口上，光洁的支柱与位于中间的褶皱处形成了鲜明的对比。

在这个檐口中，一组褶皱的对比布料恰好围绕在檐口整齐的部位。

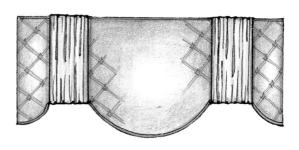

装饰性檐口

装饰性檐口是一种硬质或软质的檐口，并且在其表面上装饰着饰边、模塑、水晶饰品或其他装饰性的元素。

在这个拱形檐口中，位于其顶部和底部的顶冠饰条将会为任何窗户增添实质性的建筑细节。

在这个刷了油漆的檐口中，一系列的挂旗挂在檐口表面的把手上。

可以通过在关键的点上添加一个对比的滚边或流苏，从而来强调任何檐口的下摆线。

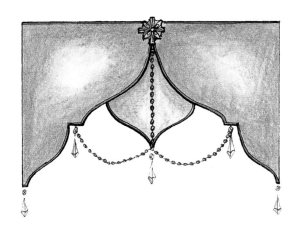

枝形吊灯状的水晶饰物是一种可以为任何设计增添魅力与光辉的好方法。

由两条线组成的装饰绳与流苏挂在铁质的团花上，而团花直接安装在这个檐口的表面。

垂彩由多条滚绳组成，滚绳覆盖在这个檐口的表面，并利用流苏使其固定在顶部。

一组对比的布料和悬挂着的流苏构成了垂直的条纹，并且在这个檐口中，它们同折边的最高点齐平。

在这个檐口中，折边处被剪裁的凹口用于调节带有流苏的褶皱领带，褶皱领带环绕着板子。

在这个檐口中，流苏挂在绣花丝带上，绣花丝带位于折边处最高点的中间。

在这个整齐的檐口顶部，覆盖着一条较小且重叠的帘子，帘子由下方的对比的褶皱领带托住。

在这个檐口中，对比的布料滚边与贴边用来构成3个单独的部分，并且这几部分装饰有琥珀状和呈枝形吊灯状的水晶饰物。

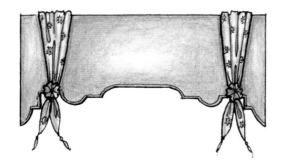

锥形的围巾带有两个尾饰，从而营造出一种围巾环绕着板子的外观，并且被系在折边处的下方。

在这条拱形的帷幔中，镶有贴边的边缘上装点着装饰性的钉头。

一个主教袖筒式的褶裥饰带挂在这个檐口背面的中间处，形成了一个焦点。

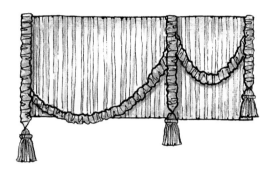

超大的贴边滚绳覆盖在一条褶皱的织物袋子里，创造出这些大胆的绳索式垂彩，以及带有流苏的滚绳。

由对比的丝带制成的垂彩和蝴蝶结覆盖在这款简单而浪漫的檐口设计的顶部。

可替换的零部件可以作为新样式的灵感。在这里，熟铁质的三角支架用来装饰这个檐口上的内侧一角。

簇状檐口

簇状檐口是一种硬质或软质的檐口，通常塞入厚重的垫料，然后用纽扣、钉头或者其他的紧固件把它聚簇在一起，并且从檐口的表面穿过，而后固定在背面，从而在檐口的表面创作出一个具体的图案。

一个大的、熟铁质的金银丝工艺品与相衬的钉头式滚边，赋予了这款檐口设计朴素的外观。

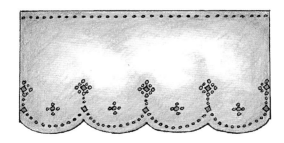

不同造型和大小的钉头可以用来创作出精致的图案。

在这个檐口中，位于其折边处的贴边和钉头使帷幔看起来是在中间处重叠。

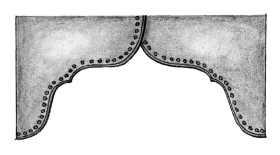

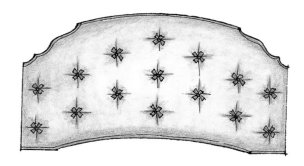

在这个拱形的檐口表面覆盖着深的植绒，并且通过小的、罗缎式的丝质十字形物加以强调。

带有纽扣且纵深的正方形植绒在这款当代设计中构成了一种几何上的韵律感。

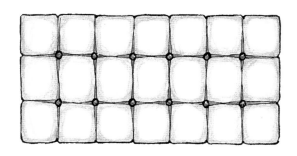

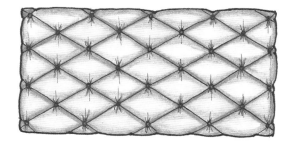

在这个檐口上，浅的菱形枕垫式植绒环绕着边缘，形成了一种非常柔软且又垫满的外观。

方形的钉头放置在檐口上
的簇状菱形的连接处，并
配有瀑布状花边。

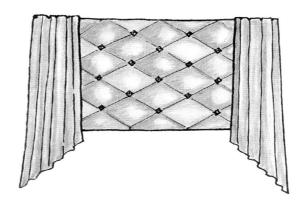

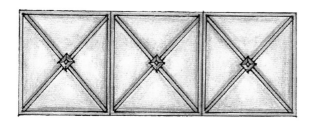

一个定制的手绘铁架子围绕
在这个带有软垫的檐口上。
位于每一部分中间的菱形团
花，给大的方形主题增添了
平衡感。

呈对比颜色的正方形组成了
一个棋盘式的图案。图案利
用绳子来加以强化，并分隔
开每一个正方形。放置在浅
颜色的正方形中的纽扣用于
增加视觉冲击力。

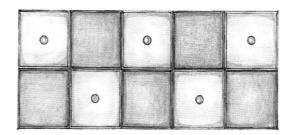

檐口顶盖

檐口顶盖是一个小的、呈线形
的檐口盒子，并且用于遮盖住
附在大窗帘上的功能性零部
件，或者作为一个加固基础，
从而使一条帷幔或遮阳帘挂在
上面。

一个带有气球式遮阳帘的檐口顶盖。

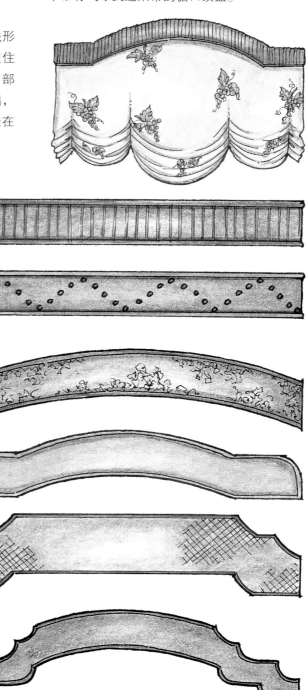

檐口装饰

这个宝塔式的檐口内垫着夏布，并且采用一种传统的日式风格制成。这种风格通常用于建筑中。卷曲的檐口通过挂着钥匙状流苏来加以抵消，并且与镶在檐口边缘处的贴边与流苏相匹配。略带光泽的山东丝绸侧帘，与夏布的天然质地形成对比。

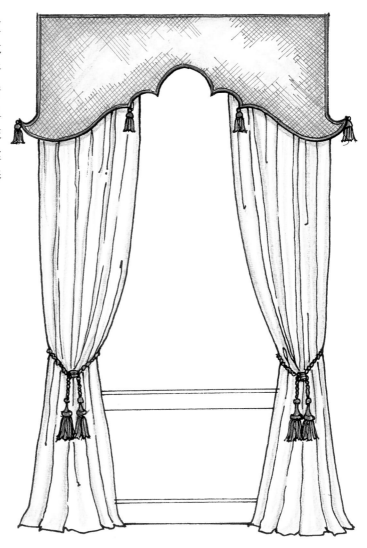

富有创意性的设计可以改变任何窗户在视觉上的造型，并且为空间增添特征和建筑细节。这款檐口装饰包括了所有这一切。在檐口呈拱形的底部上，精细地装饰着对比的带子和饰边。装饰性的团花直接固定在檐口的表面，可使下垂的毛条窗帘挂在上面。相衬的团花用来扎起置于两侧下垂的毛条窗帘。

在这个简单的檐口上，纵深且重叠的包头巾式垂彩垂下来，成为一个醒目的图案，并创作出一种丰富而精致的装饰效果。里侧的窗帘安装在檐口后面的一个横杆上。檐口的基座可以用对比的颜色加以装饰，而垂彩的折叠处可以由可替换的布料制成，或者采用同一种颜色的递进色来营造出一种不同的外观效果。

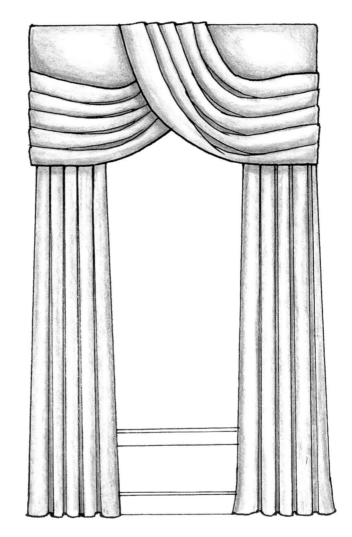

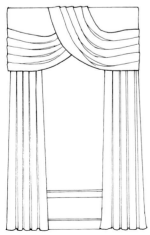

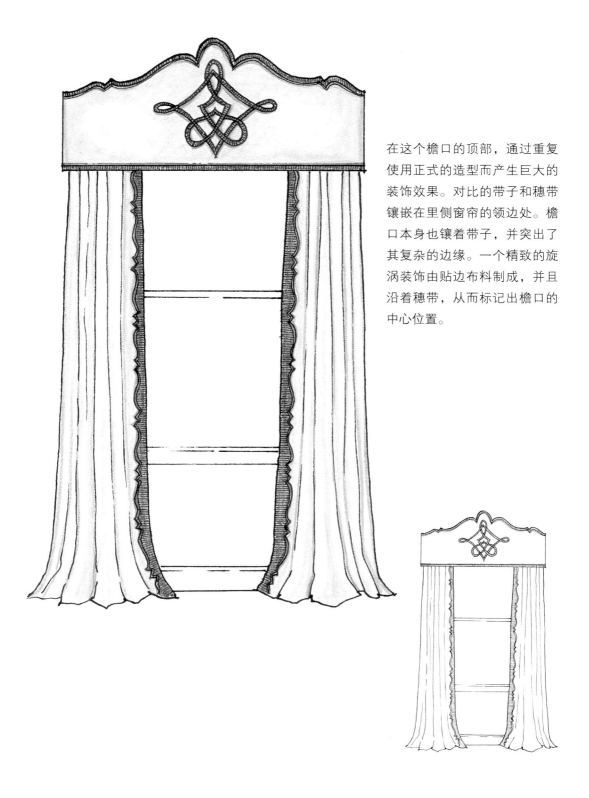

在这个檐口的顶部，通过重复使用正式的造型而产生巨大的装饰效果。对比的带子和穗带镶嵌在里侧窗帘的领边处。檐口本身也镶着带子，并突出了其复杂的边缘。一个精致的旋涡装饰由贴边布料制成，并且沿着穗带，从而标记出檐口的中心位置。

在这个檐口中，底部造型的灵感来源于作为装饰品的、华丽且古老的大门折页的轮廓。檐口的边缘处镶着贴边，并且装饰着钉头，以便用于补充折页。里侧的窗帘由互补且富有立体感的条纹制成，而条纹采用两种颜色来制成滚边。条纹在安置于后面的罗马帘中重复使用。为了完成这款设计，用与制成折页相同的方法而制成的铁质窗帘钩，以及顶部带有铁质的定制流苏被添加到设计中。

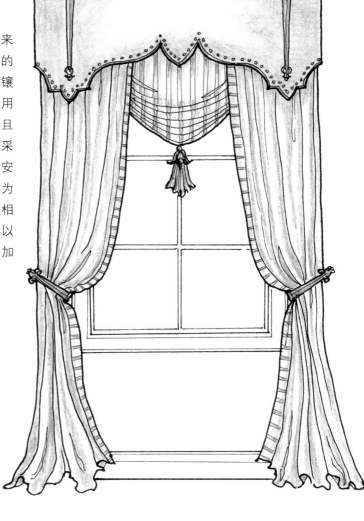

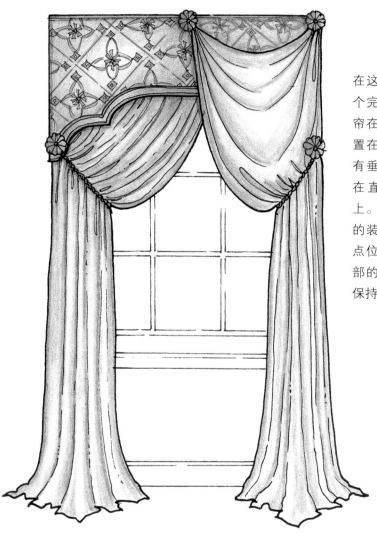

在这个窗饰中，檐口支撑着两个完全不同的窗帘。里侧的窗帘在系带杆上抽出褶，并且安置在墙面上；外侧的窗帘上带有垂彩式的窗帘头，窗帘头挂在直接置于檐口表面的团花上。两种窗帘都利用带有团花的装饰滚绳，并且在檐口长的点位上被扎起来。用于檐口底部的对比滚边和贴边料有助于保持装饰的平衡感。

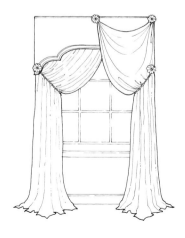

这条扁平且硬质的帷幔，通过着色而被仿制成类似于皮革制品，并且还装饰着由装饰性钉头组合成的图案。两个带有手风琴式褶裥的瀑布式花边挂在檐口的顶部，并且在其折边处镶着长的珠状须边。侧帘可以打成褶，并且利用尼龙搭扣把它安置于檐口的后面，以便于拆卸并清洗。也同样可以在檐口内塞入垫料，或者装上软垫，以便营造出一种柔软的外观效果。

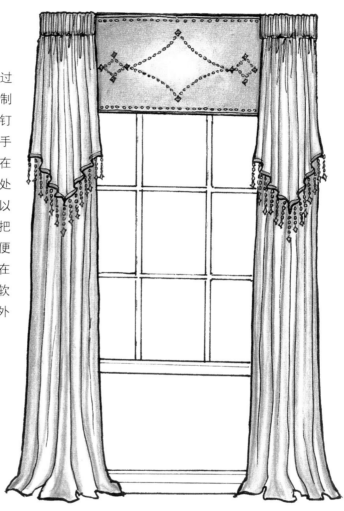

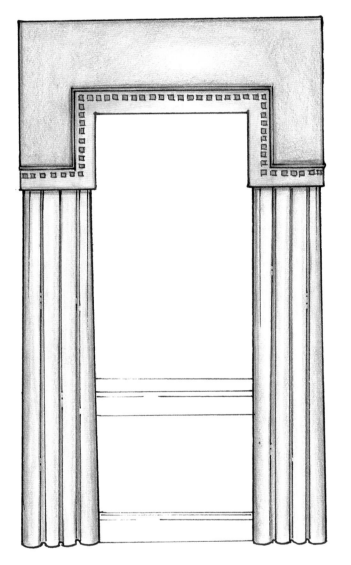

通常将装饰性钉头看作是一种元素，并且用于传统或纯朴的设计中。在这个非常具有现代感的檐口上，它们用来装饰檐口边缘处的对比滚边。

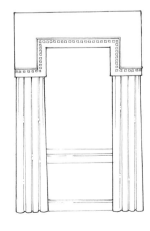

在这个檐口上，正方形的锁孔开口被放置在大的正方形板子中间，并且成为这款几何式设计的特色。通过在檐口的正方形上添加一个扁平的且与贴边线颜色相同的对比滚边，从而描绘出正方形的轮廓。被剪裁下来的开口，在房间内相对的墙面上形成了一个有趣的、浅颜色的图案。

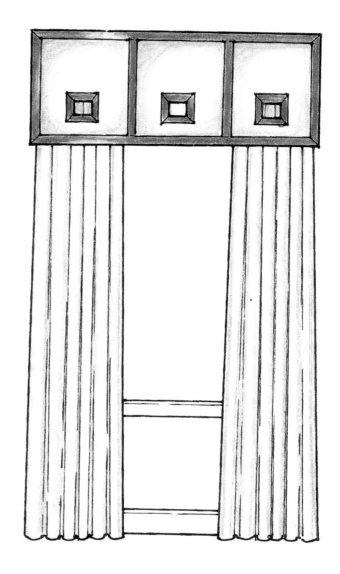

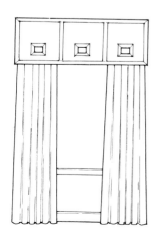

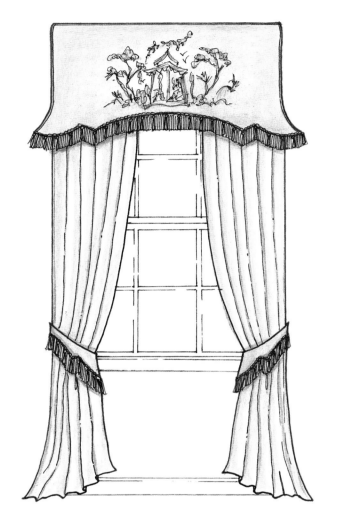

略微的曲线和角度使这款设计显示出受东方文化的影响。宝塔式的檐口中，向外展开的折边处带有刷条须边，并且与相衬的窗帘钩一样都镶着长的木制珠子。贴边料由对比的布料制成，从而描绘出檐口的轮廓。

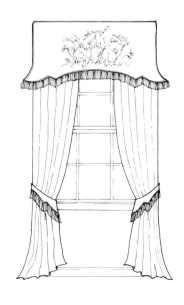

垂彩式檐口的轮廓

对于收录了所有帷幔轮廓的一个完整的目录，请参考本书中附带的光盘。

拱形檐口的轮廓

对于收录了所有帷幔轮廓的一个完整的目录，请参考本书中附带的光盘。

硬质檐口的轮廓

对于收录了所有帷幔轮廓的一个完整的目录，请参考本书中附带的光盘。

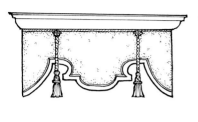
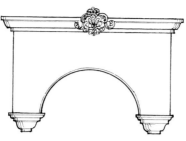
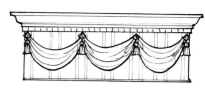

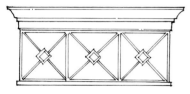
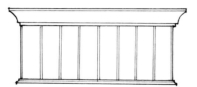

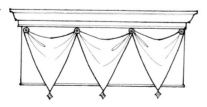

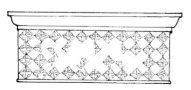
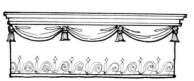

框架式檐口的轮廓

对于收录了所有帷幔轮廓的一个完整的目录，请参考本书中附带的光盘。

装饰性檐口的轮廓

对于收录了所有帷幔轮廓的一个完整的目录，请参考本书中附带的光盘。

 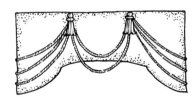 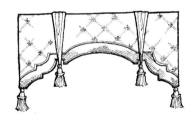

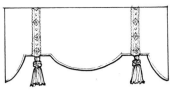  

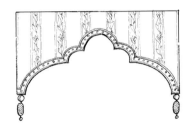 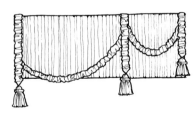 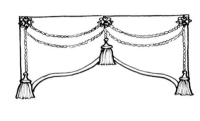

 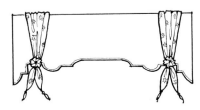 

 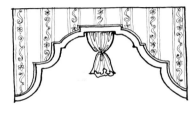

簇状檐口的轮廓

对于收录了所有帷幔轮廓的一个完整的目录，请参考本书中附带的光盘。

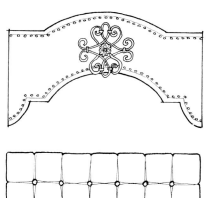

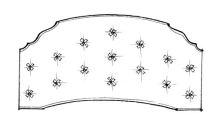

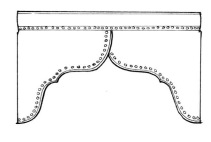

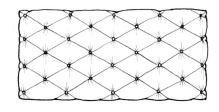

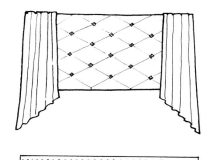

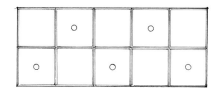

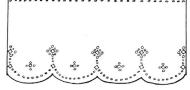

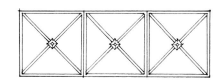

装饰性挂帘

装饰性挂帘

装饰性挂帘是一种两侧长或带有支柱的檐口，并且向下延伸，从而架构出窗户。

· 类似于制作檐口，装饰性挂帘也可以通过刷油漆、贴壁纸、染色或装软垫的方式制成。

· 装饰性挂帘的目的在于：围绕着窗户形成一个牢固的框架，或从视觉上改变窗户的造型。

· 装饰性挂帘可以给朴素的空间增添建筑细节。

· 装饰性挂帘可以同其下方的装饰一起使用，例如窗帘、透明薄纱帘、百叶窗或遮阳帘。因此要相应地增大翻边处和间隙的宽度。

· 装饰性挂帘可以用来把一系列分布密集的窗口统一成为一个装饰。

· 装饰性挂帘可以通过使用两个长度和造型相同的支柱，形成一种对称式的外观；或者采用一个或两个长度和造型不同的支柱，形成一种非对称式的外观。

· 别在纽扣孔中的花束是一种其支柱一直延伸到地板上的装饰性挂帘。

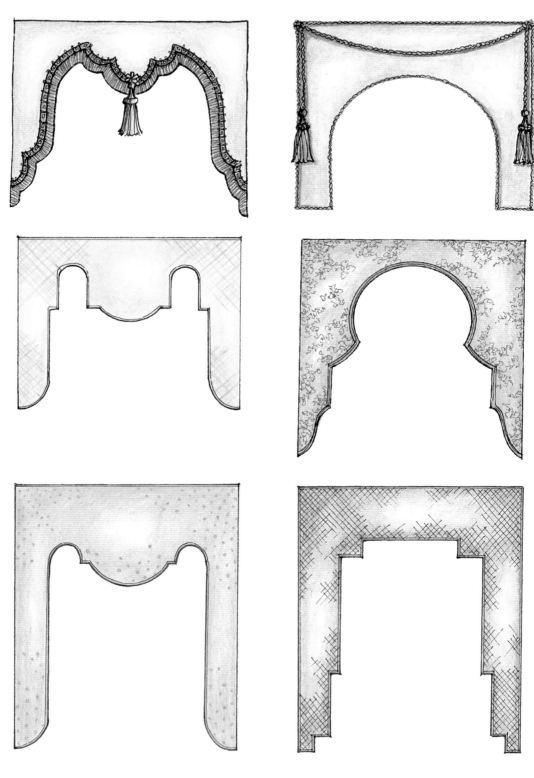

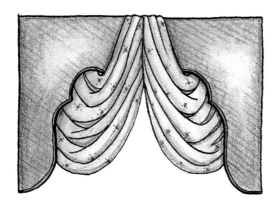

一对儿垂彩安置在这个短的装饰性挂帘的后面，并且环绕着覆盖在顶部，从而在中间形成了一个楔石。

被拉起来的垂彩，同相衬的瀑布状花边一起安置在这个装饰性挂帘的后面。在装饰性挂帘上，中间位置的最高点上挂着一个大的团花。

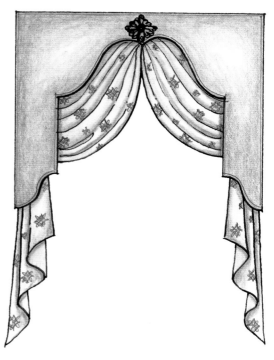

在这个装饰性挂帘中，大的流苏放置在挂帘的最高点和最低点上。一对儿窗帘安置在挂帘后面，利用底部的流苏扎起来。

里侧窗帘上的深垂的垂彩与这个装饰性挂帘上陡峭的拱形呈并列状，并且相对。

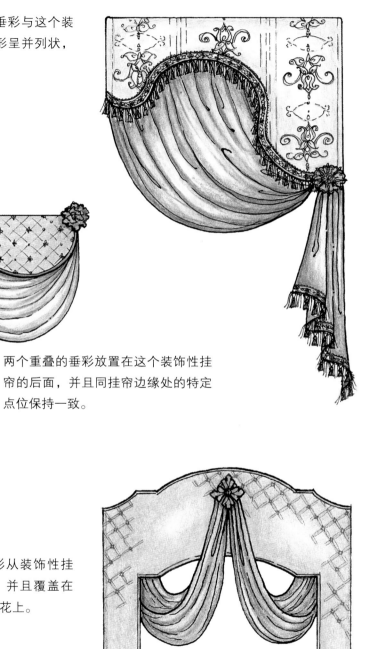

两个重叠的垂彩放置在这个装饰性挂帘的后面，并且同挂帘边缘处的特定点位保持一致。

一条薄的围巾式垂彩从装饰性挂帘的下面被拉起来，并且覆盖在位于中间的装饰性团花上。

挂帘装饰

顶冠饰条覆盖在这个边缘复杂的装饰性挂帘的顶部。对比的贴边围绕着被剪裁的边缘线，从而突出了挂帘富有戏剧性的曲线。安装在墙上的侧帘，在其顶部扎起来呈意大利式，并垂下来在底部呈主教袖筒状。一个大的钥匙状流苏构成了一个强烈的焦点。

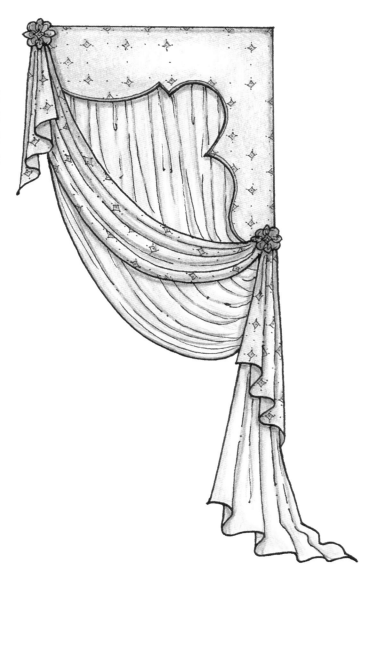

这个带有长围巾式垂彩的一侧式
装饰性挂帘，从顶部一直垂落到
底部。一片扎起来的窗帘安置在
里侧，并组成了这款非对称式的
窗饰设计。

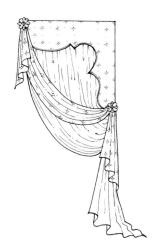

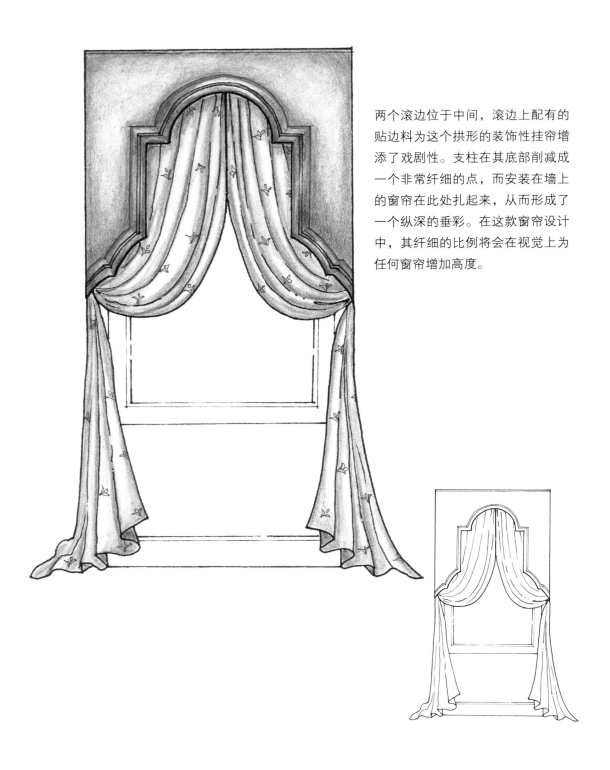

两个滚边位于中间，滚边上配有的贴边料为这个拱形的装饰性挂帘增添了戏剧性。支柱在其底部削减成一个非常纤细的点，而安装在墙上的窗帘在此处扎起来，从而形成了一个纵深的垂彩。在这款窗帘设计中，其纤细的比例将会在视觉上为任何窗帘增加高度。

一个华丽的铁质窗帘王冠覆盖
在这个整齐的装饰性挂帘上，
形成了一个尖顶。王冠上呈扇
贝形的线条重复用于装饰性挂
帘内侧的轮廓上。里侧的窗帘
用滚绳扎了起来，而流苏在位
于两侧的小型团花或把手上打
成环。

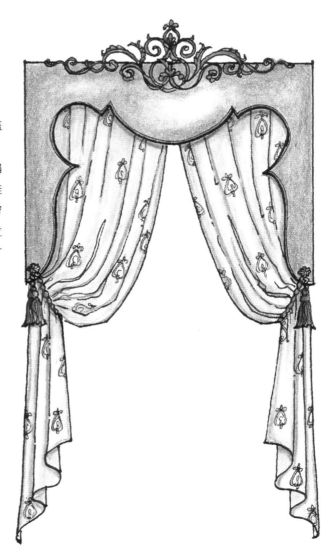

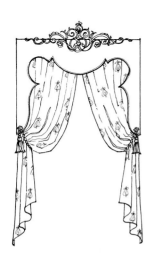

3个团花按照非对称的模式安装在这个褶皱的且带有对比滚边的装饰性挂帘上。一个纤细的围巾式垂彩随意地搭在团花上。

垂　彩

垂彩

垂彩是一种经过剪裁后呈半圆形的布料，并且以柔软的褶裥形状垂落下来。它通常与瀑布状花边、角制品，以及尾饰一起使用，从而形成优雅且起伏状的顶部装饰。

- 褶皱的垂彩带有一种定制的、正式的外观。
- 平行绉缝式垂彩显得更休闲，并且不拘礼节。
- 始终要沿着垂彩的对角线进行剪裁，除非采用的垂彩带有一种强烈的垂直图案或条纹。
- 始终要给垂彩加入相同或对比的衬里。
- 永远不要用明线来缝制垂彩。明线会妨碍垂彩的垂感。
- 在垂彩的折边处，永远不要沿着其领边来缝制装饰性饰边。
- 把装饰性饰边放置在垂彩的下摆线上，可能会导致垂彩在打成褶并挂起来时饰边聚拢在底部并隐藏了起来。如果可能的话，当垂彩被挂起来，并且能最好地展现饰边时标记出饰边的位置。
- 利用内衬或在轻质的布料上使用内衬，可以增加垂彩的体积感和悬垂性。
- 测试一下在带有对比衬里的布料中，图案和颜色透背的效果。可以通过遮光布或法式衬里来对其进行调整。
- 利用铅线的重量，来测量垂彩的长度和垂感。
- 考虑一下褶裥和下垂在布料的图案上产生的效果，并且对图案的位置做相应的调整。
- 利用窗帘或铅线的重量来调节并处理垂彩的悬挂方式。

垂彩的结构

垂彩装饰因为自身的多功能性而广受欢迎。可以将许多可利用的单独零部件组合在一起，从而创作出优美的，正式且随意的样式。

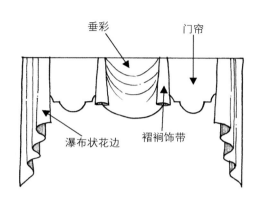

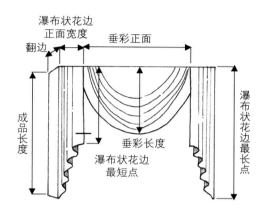

垂彩：一个呈水平方向的元素，其布料被抽成褶或聚在一起形成柔软的褶皱，并且中间处长于两侧。

门帘：一个呈水平或垂直方向的元素，包含一个扁平且硬直的布料板，并且通常剪裁成一种富有装饰性的造型。

瀑布状花边：一个呈垂直方向的元素，其布料被折断起来或聚在顶部。布料在呈锥形折边处的最长和最短的点位上，形成一种之字形的效果。瀑布状花边通常用在一个垂彩或门帘的两侧（有时被称为尾饰）。

褶裥饰带：一个呈垂直方向的元素，其布料扁平或呈圆锥形状。它通常被放置在垂彩或门帘的两侧（有时被称为角制品或喇叭）。

尾饰：一个扁平且呈垂直方向的元素通常在末端被剪裁成一个富有装饰性的造型，并且被挂在垂彩或门帘的两侧。

围巾式垂彩：由一匹连续的布料长制成，然后覆盖在杆子或垂彩挂钩上，从而实现了想达到的效果。

经典的垂彩布置

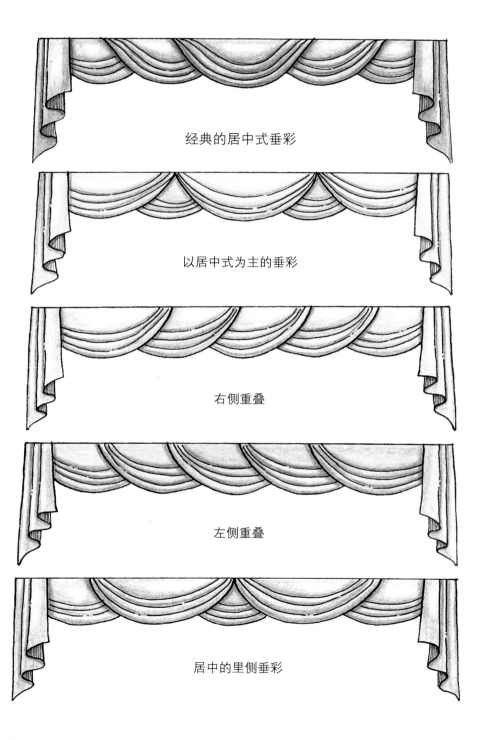

经典的居中式垂彩

以居中式为主的垂彩

右侧重叠

左侧重叠

居中的里侧垂彩

垂彩图表

利用这个图表作为参考，并根据窗户宽度，计算出所需要的垂彩的数量。

板子表面的宽度	#每扇窗户所需要的垂彩数量
36″ ~ 48″	1幅垂彩
49″ ~ 70″	2幅垂彩
71″ ~ 100″	3幅垂彩
101″ ~ 125″	4幅垂彩
126″ ~ 150″	5幅垂彩
151″ ~ 175″	6幅垂彩
176″ ~ 200″	7幅垂彩
201″ ~ 225″	8幅垂彩
226″ ~ 250″	9幅垂彩
251″ ~ 275″	10幅垂彩
276″ ~ 300″	11幅垂彩

利用这个图表作为参考，并根据垂彩表面宽度，计算出垂彩的平均深度。

垂彩表面的宽度	每一幅垂彩的平均深度
20″	10″ ~ 12″
25″	12″ ~ 16″
30″	14″ ~ 18″
35″	14″ ~ 18″
40″	14″ ~ 20″
45″	6″ ~ 22″
50″	16″ ~ 22″
超过60″	18″ ~ 23″

常用的垂彩

帝国式垂彩

安妮女王式垂彩

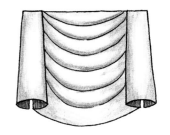

金斯敦式垂彩

帝国式垂彩

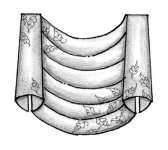

敞开的金斯敦式
垂彩

敞开的帝国式垂彩

皇后式垂彩

图案：5918

斯夸尔式垂彩

埃斯特尔式垂彩

墨菲式垂彩

宽领带式垂彩

图案：5941

拿破仑式垂彩

扇贝形垂彩

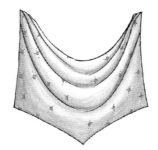

敞开的三点位式
垂彩

气球形垂彩

套杆的帝国式
垂彩

一点式垂彩

敞开的箱形垂彩

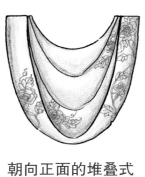

朝向正面的堆叠式
垂彩

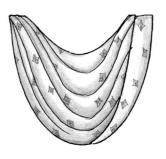

朝向正面且后侧堆叠
式垂彩

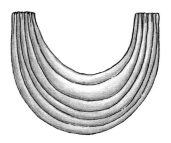

勺形垂彩

敞开的平行绉缝式
垂彩

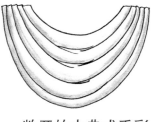

敞开的古典式垂彩

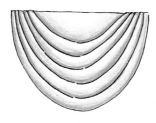

古典式垂彩

平行绉缝式垂彩

扇形垂彩

古典的一侧式垂彩

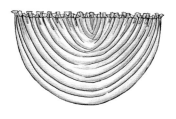

带皱边的聚合式
垂彩

图案：5921

别有花束的垂彩

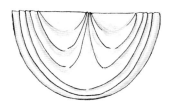

饰面堆叠在后面且凸起
的垂彩

饰面堆叠在前面且凸
起的垂彩

敞开的凸起式垂彩

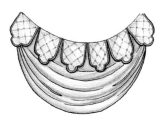

顶部带有袖口造型的敞
开式垂彩

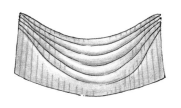

蒙头斗篷式垂彩

侧面聚拢且带有皱边
的垂彩

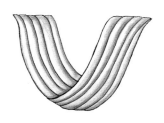

曲折式垂彩

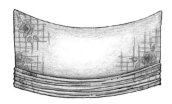

敞开的箱形平行绉缝
式垂彩

箱形垂彩

褶皱的一半式
垂彩

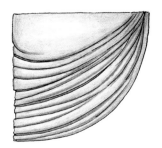

平行绉缝式的半
式垂彩

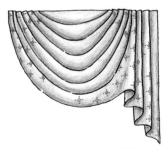

瀑布状的一半式垂
彩

被拉起的一半式
垂彩

带有中心点且一处凸
起的垂彩

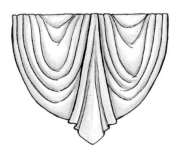

带有中心点且两处凸
起的垂彩

聚合的都铎式垂彩

包头巾式垂彩

泰姬陵式垂彩

交叉式垂彩

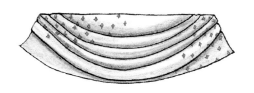

平底式垂彩

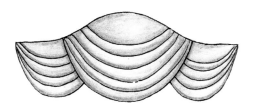

龟形状的垂彩

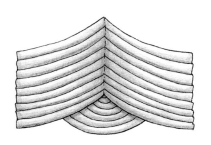

凸起的泰姬陵式垂彩

带有瀑布状花边
的曲折式垂彩

瀑布状花边，褶裥饰带和尾饰

<big>在</big>窗饰设计中，常用的垂直设计元素有3类。

瀑布状花边

一个扁平且带有角度的布帘，经过折叠或聚合后置于顶部。角度在呈锥形折边处的最长和最短的点位上，形成一种之字形效果。瀑布状花边通常用在一个垂彩或门帘的两侧。

褶裥饰带

一个扁平的布料，呈圆锥形状或本身经过折叠后形成了一个袖筒。它通常放置在垂彩或门帘的两侧（有时被称为角制品或喇叭）。

尾饰

一个扁平的布料，通常在末端剪裁成一个富有装饰性的造型，并且挂在垂彩或门帘的两侧。

- 瀑布状花边、尾饰以及褶裥饰带中，始终要加入相同或对比的衬里或者加入互补的布料。
- 当采用轻质的布料来制作这些元素时需要加内衬，以便增加体积感和悬垂性。
- 当采用对比的衬里或大胆的图案时，要检查一下颜色透背的效果，并且可以通过使用遮光布或法式衬里来加以避免。
- 不要用明线缝或沿着布料的表面直至衬里来缝饰边，这样会妨碍元素的下垂式样。
- 请记住，这些元素的背面与正面同样重要，并且需要做相应的规划。
- 大的图案不适合用于这些元素中。在每一个元素中需要小心地标记出图案的位置，以便更好地展示它们。
- 由于瀑布状花边上带有角度，因此当被挂起来时，瀑布状花边的翻边处会使其变短。通过在总长度上增加3″~4″，以便来调整这一缺点。
- 一般说来，瀑布状花边的长度通常是垂彩下垂时的两倍。

瀑布状花边

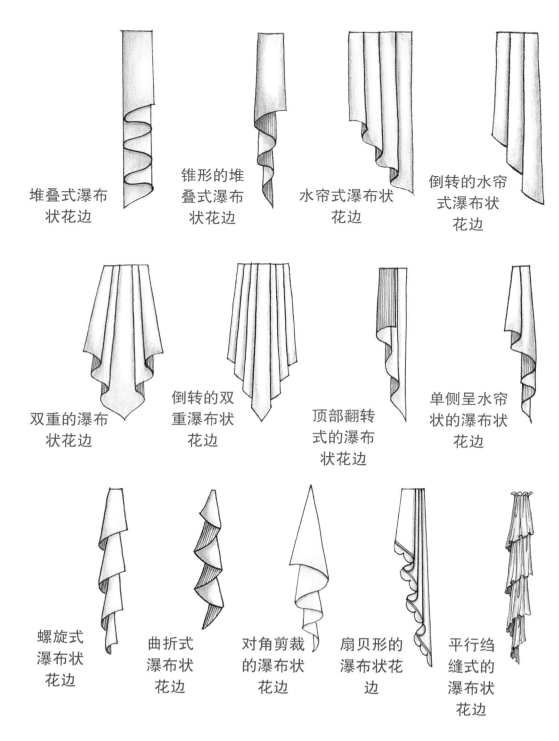

堆叠式瀑布
状花边

锥形的堆
叠式瀑布
状花边

水帘式瀑布状
花边

倒转的水帘
式瀑布状
花边

双重的瀑布
状花边

倒转的双
重瀑布状
花边

顶部翻转
式的瀑布
状花边

单侧呈水帘
状的瀑布状
花边

螺旋式
瀑布状
花边

曲折式
瀑布状
花边

对角剪裁
的瀑布状
花边

扇贝形的
瀑布状花
边

平行绉
缝式的
瀑布状
花边

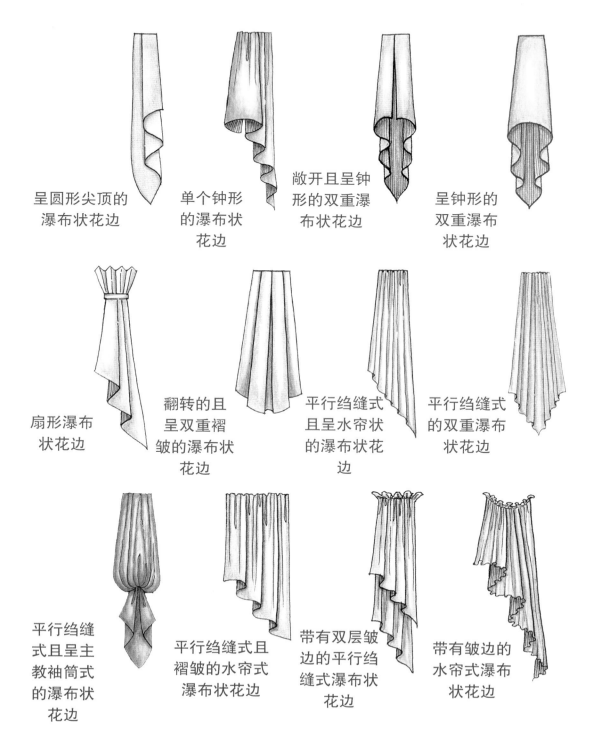

呈圆形尖顶的
瀑布状花边

单个钟形
的瀑布状
花边

敞开且呈钟
形的双重瀑
布状花边

呈钟形的
双重瀑布
状花边

扇形瀑布
状花边

翻转的且
呈双重褶
皱的瀑布状
花边

平行绲缝式
且呈水帘状
的瀑布状花
边

平行绲缝式
的双重瀑布
状花边

平行绲缝
式且呈主
教袖筒式
的瀑布状
花边

平行绲缝式且
褶皱的水帘式
瀑布状花边

带有双层皱
边的平行绲
缝式瀑布状
花边

带有皱边的
水帘式瀑布
状花边

褶裥饰带

号角式褶裥
饰带

带有一尖顶的号角
式褶裥饰带

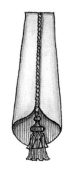

倒转的、带有一尖
顶的号角式褶裥
饰带

顶部呈扇形的号角
式褶裥饰带

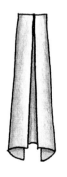

倒转的且呈
箱形褶皱的
号角形

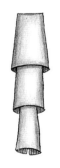

3个钟形的褶
裥饰带

杯形的领带式
褶裥饰带

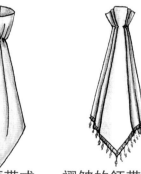

褶皱的领带式
褶裥饰带

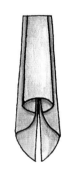

带有尾饰的
号角形

呈苜蓿叶形的褶
裥饰带

在中间处打成褶
的领带

顶部呈扇形的褶
裥饰带

顶部呈扇形的钟
形褶裥饰带

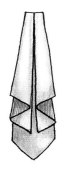

领带式褶裥饰带和一个双重的瀑布状花边

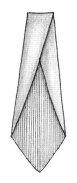

交叉式褶裥饰带

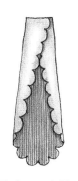

呈扇贝形的交叉式褶裥饰带

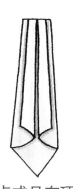

一点式且在顶部被折叠的褶裥饰带

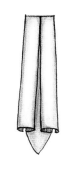

带有中心点且带有两个号角形状的褶裥饰带

折叠的褶裥饰带，其下方有一个圆形的尖顶

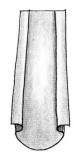

一个呈扇贝形的褶裥饰带，且两侧被卷起

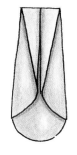

一个呈扇贝形的、礼服式褶裥饰带

手帕式褶裥饰带

单个扇贝形状

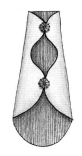

褶裥饰带与折叠的扇贝形状

两个堆叠式的褶裥饰带

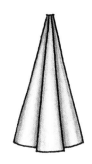

由3个三角形插布组成的褶裥饰带

多个三角形插布组成的褶裥饰带

尾饰

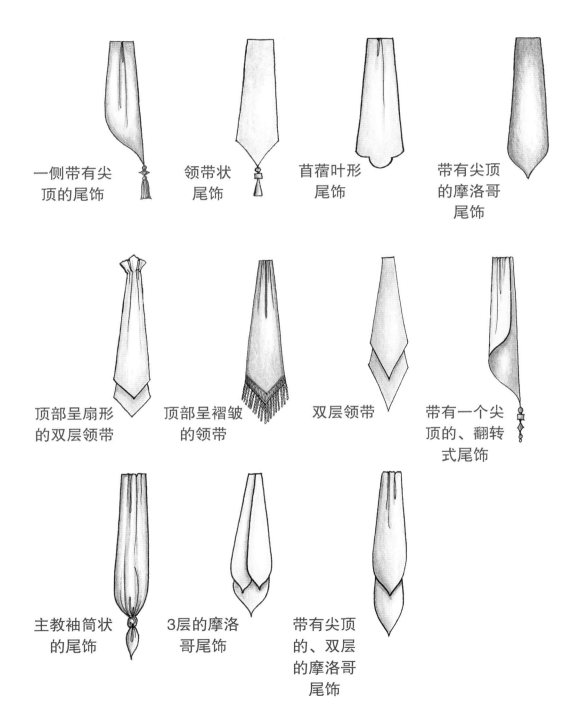

一侧带有尖
顶的尾饰

领带状
尾饰

苜蓿叶形
尾饰

带有尖顶
的摩洛哥
尾饰

顶部呈扇形
的双层领带

顶部呈褶皱
的领带

双层领带

带有一个尖
顶的、翻转
式尾饰

主教袖筒状
的尾饰

3层的摩洛
哥尾饰

带有尖顶
的、双层
的摩洛哥
尾饰

越过窗帘杆的瀑布状花边

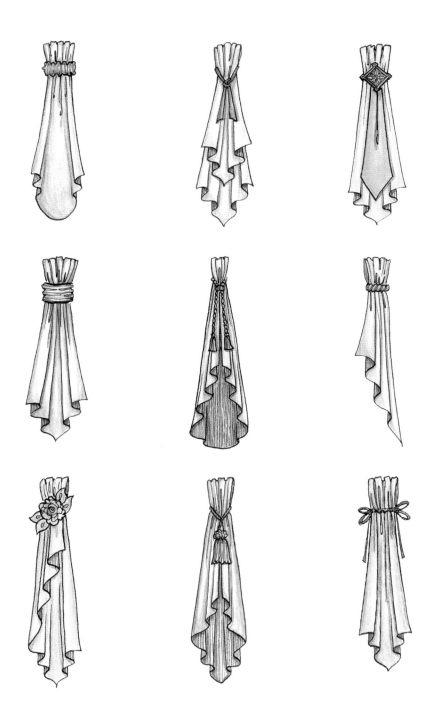

围巾式垂彩

围巾式垂彩是一种全长打成褶的布料，或聚在一起覆盖在一个窗帘杆上，或其他的零部件上。

这些装饰可以包括：

垂彩

褶裥饰带

尾饰

瀑布状花边

围巾

· 围巾式垂彩通常不像正式的垂彩那样沿着对角线剪裁。它们是由一匹布料组成。
· 采用柔软且带有柔韧性的布料。所使用的布料的悬垂性，是设计得以成功的关键。
· 围巾式垂彩不适合用非常厚重的布料或带有大图案的布料。
· 在有些设计中，使用条纹状的布料可能会有些困难。始终要与设计师进行商议：在每一个元素上，条纹应该朝着哪个方向。
· 始终要采用对比或互补的衬里。
· 内衬将会有助于垂彩恰当地覆盖并悬挂着。
· 要利用窗帘的重量来调节长的尾饰或瀑布状花边的垂挂方式。

一条摩洛哥式垂彩，折叠后覆盖在窗帘杆表面，并且在背面固定，而不是环绕着窗帘杆。

3条造型突出且敞开的扁平式门帘，通过相衬的褶裥饰带和瀑布状花边来保持平衡。褶裥饰带和瀑布状花边在窗帘杆上优雅地折叠起来。

在这两条垂彩上，隐藏着一个带有双重褶边的窗帘杆套。垂直的窗帘被握紧后，形成一个主教袖筒状的瀑布状花边。

在这条敞开式的垂彩上，带有一个用对比布料制成的扇贝形的袖口式窗帘头。不对称的两个瀑布状花边，利用添加的枝形吊灯式水晶饰物来增加其重量感，并且采用相同的布料做衬里，从而形成扇贝造型。

这一整条围巾覆盖在3个团花上，并形成了3条垂彩和瀑布状花边。珠状的须边只添加在底部的折边处。

在这款设计中，通过一个长的瀑布状花边垂落在前面，而一条围巾环绕着杆子并在背面形成一个短的瀑布状花边，从而营造出一种非对称的平衡感。最后，不相称的流苏完成了这个设计。

在这款富有创意的设计中，多层帘子有效地组成在一起。两条正式的敞开式垂彩搭在一个单独的衬托夹板上，衬托夹板用于支撑装饰中的其他元素。一条居中的垂彩和两个双重的瀑布状花边安装在板子上。

在这个设计案例中，一个装饰性杆子用于支撑两个位于中间的垂彩，位于侧面的垂彩挂在两侧的团花上，从而能够呈角度地垂落下来。曲折的瀑布状花边呈扇贝形状，同垂彩的边缘处相匹配。

这条古典的手帕式垂彩由3个单独的部分组成，但看起来就如同一个连续的整体。利用带有铅线的贴边和装饰性穗带来保持设计中锋利且卷曲的边缘。钥匙状流苏形成了一个焦点，同时给尖顶增添了重量。

在这条威尔希尔式的垂彩顶部，装饰着一个丝质的玫瑰形饰物，以及一个长的且带有流苏的绳索，覆盖住位于中间的褶皱处。

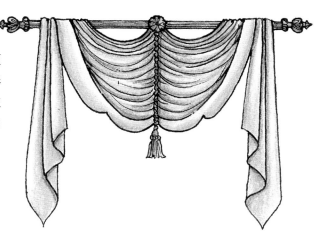

拉起式的垂彩安置在这款设计的中间，并且利用位于中间的且精细的团花将其固定住。两条敞开式的垂彩位于两侧，并在侧面配有翻转式的瀑布状花边。在每一条帘子上，都采用对比的布料作为衬里。

越过窗帘杆的瀑布状花边安置在这条围巾式垂彩的两侧，垂彩环绕在装饰杆上。利用相协调的流苏把瀑布状花边的顶部系紧。

越过窗帘杆的瀑布状花边覆盖着位于中间的单条垂彩。褶皱的袖口缠绕并且握紧瀑布状花边，从而盖住了顶部的接缝处。

在这个整幅的布料上附着襻扣，然后挂在杆子上。帘子的中间处被拉了起来，利用环结形成了一条垂彩。

这条古典的围巾式垂彩覆盖在顶部的杆子上，并固定在位于侧面的团花上，同时利用相衬的带子扎起来，从而在尾饰的末端形成了瀑布状花边。

隐藏起来的杆套，使这组带有
两个褶边且呈褶皱的垂彩，以
及主教袖筒式的瀑布状花边能
够被挂起来，从而营造出一种
不带有零部件的外观效果。

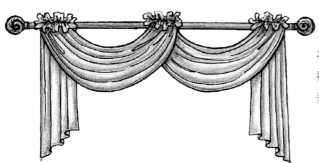

在被隐藏的杆套上配有两个
褶边，并且褶边放置在这些
垂彩和瀑布状花边的顶部。

在这个装饰杆上，制作精细
的团花用来突出这条垂彩中
间被拉起的部分。侧面被拉
起的部分通过附着的襻扣挂
在杆子上，并固定住围巾的
衬里。

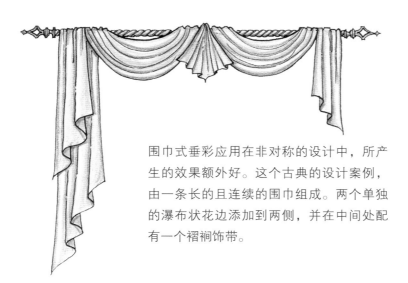

围巾式垂彩应用在非对称的设计中，所产
生的效果额外好。这个古典的设计案例，
由一条长的且连续的围巾组成。两个单独
的瀑布状花边添加到两侧，并在中间处配
有一个褶裥饰带。

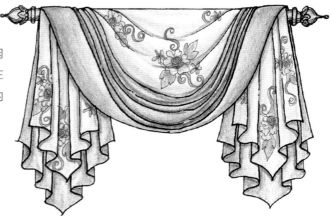

在这两条单独的垂彩中，一条是休闲
式的，而另一条是正式的。它们搭在
一起，并覆盖在杆子上。两组双层的
瀑布状花边挂在垂彩的下面。

在这条古典的帷幔中，一对儿堆
叠式的瀑布状花边架构出了一条
安装在后侧且被拉起来的垂彩，
以及两个安装在顶部、敞开的一
半式垂彩。

在这条优雅的两幅围巾式垂彩中，优美的铁质零部件是一个焦点。带有叶子的对比滚绳同零部件相衬，并使窗帘杆具有强烈感的线条保持平衡。

这条帷幔由一个整幅的文艺复兴式挂旗和两个半幅挂旗组成。挂旗利用襻扣挂在一个铁质的窗帘杆上，并通过玻璃珠子来增加其重量。

一条简易的整幅围巾可以通过添加恰当的零部件或饰边使其具有一种非常正式的外观。这个优美的王冠把垂彩托起来，并使其覆盖在相衬的装饰杆上。相协调的流苏在垂直的方向上给垂彩的中间位置增添了平衡感。

在一对儿挂在杆子上的递进式垂彩中，安置着瀑布状花边。垂彩上带有一个褶边的窗帘头，从而营造出一种具有休闲乡村式风格的外观。

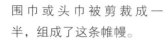
围巾或头巾被剪裁成一半，组成了这条帷幔。

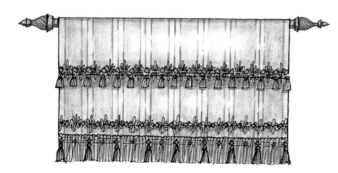

带有衬里的长方形帘子，经过简单的折叠后，覆盖在一个装饰性窗帘杆上，并且镶着多种协调的饰边，从而形成了两个制作精细的滚边。

垂彩的轮廓

对于收录了所有帷幔轮廓的一个完整的目录，请参考本书中附带的光盘。

垂彩装饰

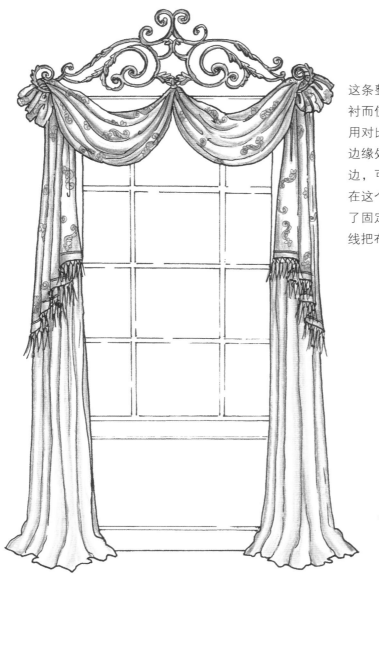

这条整幅的围巾，通过加入内衬而使其具有体积感，并且采用对比的布料作为衬里。它的边缘处镶着长的且打上结的须边，可以随意地垂落下来，搭在这个美丽的铁质王冠上。为了固定住围巾，利用花卉金属线把布料固定在王冠上。

两条半式的垂彩和一条位于中间的敞开式垂彩，优美地覆盖在这个精致的铁质窗帘杆上。垂彩加了衬里，并且镶着一条装饰性的丝头带，从而突出了它们优雅的曲线。套杆式窗帘安置在顶部装饰的下面。

多层次的帘子在这个复杂的铁质王冠，以及一对儿回旋状花纹装饰上作为一幅丰富的背景幕。一条宽幅的垂彩中间处被拉起，并且在边缘处配有双重的瀑布式花边。第二层更大更长且相衬的帘子由半透明的对比布料制成。侧帘由制作顶层帘子的布料制成，以此完成了整个窗饰设计。

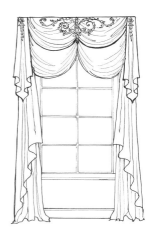

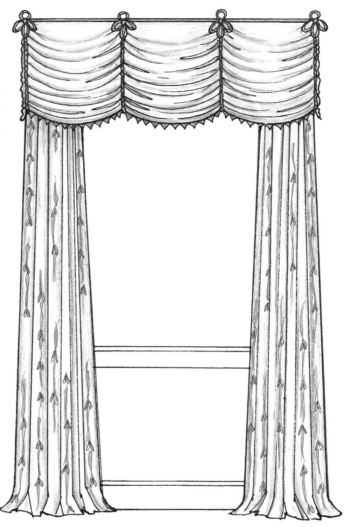

在这条奥地利式的、遮阳帘式帷幔中，镶着对比的装饰性滚绳。滚绳把帷幔分隔成几部分，并且在顶部组成了环形的玫瑰形饰物。利用一个小的之字形滚边镶在折边处。

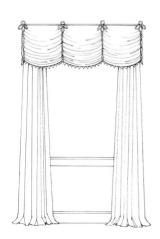

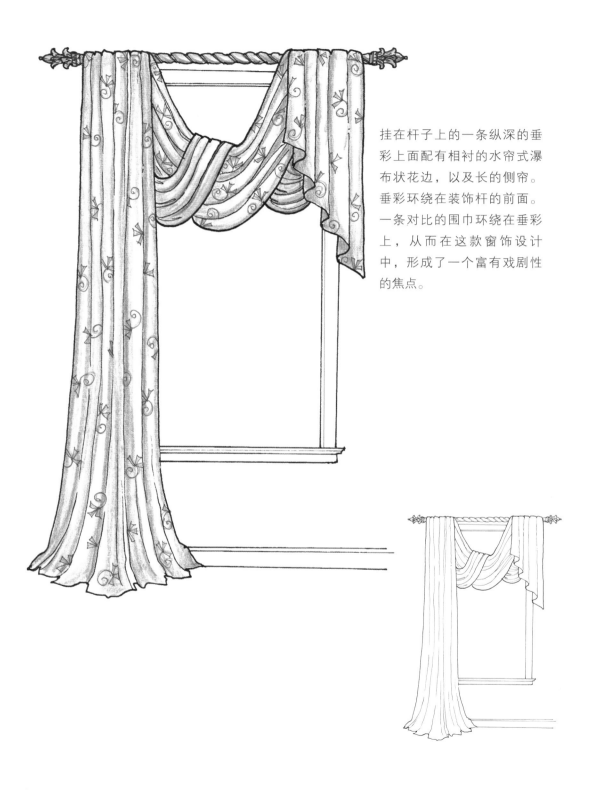

挂在杆子上的一条纵深的垂彩上面配有相衬的水帘式瀑布状花边，以及长的侧帘。垂彩环绕在装饰杆的前面。一条对比的围巾环绕在垂彩上，从而在这款窗饰设计中，形成了一个富有戏剧性的焦点。

这个优美的垂彩式窗饰，看起来像是由一匹完整的布料制成的，从双重瀑布状花边开始，瀑布状花边环绕在杆子上，形成了一条敞开式的垂彩。最终，通过一幅长的窗帘结束。这个窗饰实际上是由三部分组成的，以便于组合及安装。

图案：时尚 V7984

这款窗饰设计，是对P465中厚重且正式装饰的一种再次展现。通过使用一种轻质的内衬，并添加长的珠状饰边以及流苏，而使装饰显得更加轻盈而精致。

装饰性的带子作为滚边，突出
了在这个古典檐口上的优雅
的线条。位于中间且下垂的帘
子上覆盖着两个钟形的褶裥饰
带，以及两个环绕在帷幔边缘
的瀑布状花边。一个大的团花
放置在帷幔上，突出了其最高
点，从而形成了一个富有戏剧
性的焦点。

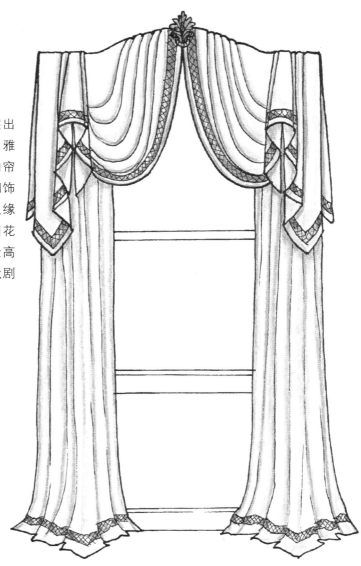

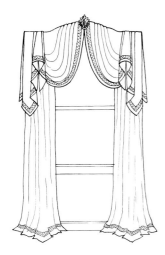

在这条拱形的帷幔中，通过在多种下垂式的帘子以及瀑布状花边上添加由对比贴边制成的卷曲且呈扇贝形的滚边，使滚边被区分开，而帘子和瀑布状花边得以统一。

团花式的垂彩挂钩支撑着这条半透明的且带有一个号角造型的垂彩式帷幔。里侧的窗帘由隐藏着的窗帘头组成，并且使垂彩保持着敞开式的外观效果。丝带作为带子用在帘子的瀑布状花边以及底部上。

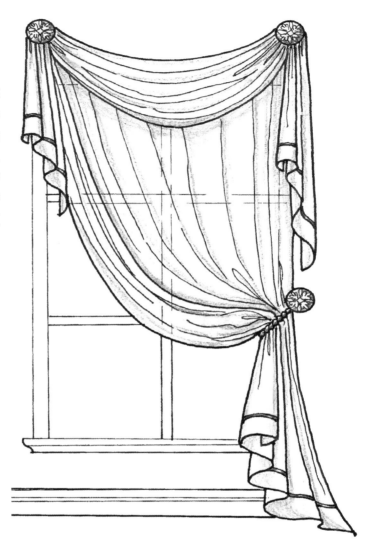

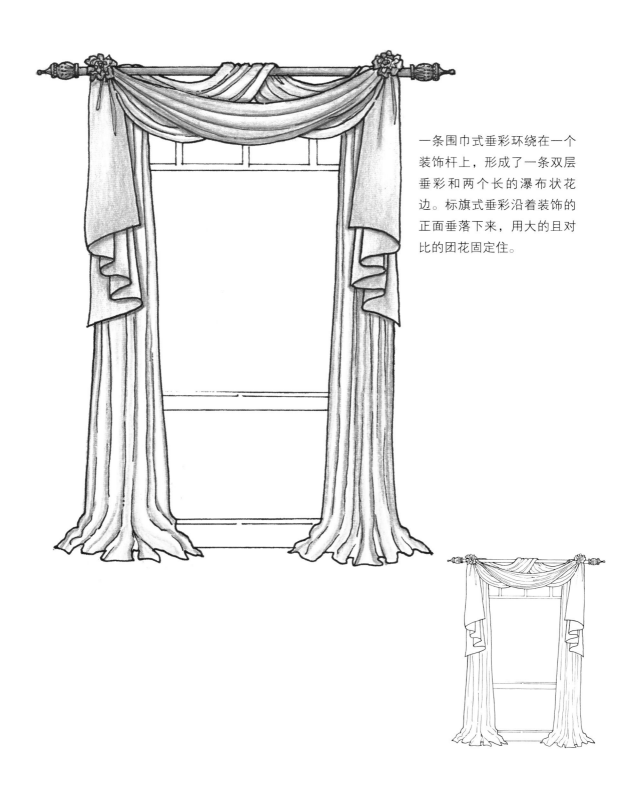

一条围巾式垂彩环绕在一个
装饰杆上，形成了一条双层
垂彩和两个长的瀑布状花
边。标旗式垂彩沿着装饰的
正面垂落下来，用大的且对
比的团花固定住。

这条加宽且敞开式的箱形垂彩由侧面的缝袋组成，带子可以从中穿过。当带子被拉起来时，布料抽成褶并形成了一条垂彩。带子的末端打上结，作为装饰的一部分随意地悬挂着。通过在侧帘的下面安装一个隐藏的支柱，使垂彩可以挂在褶皱的侧帘上面。

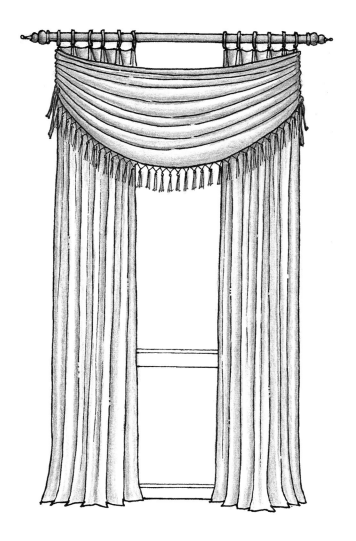

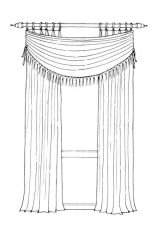

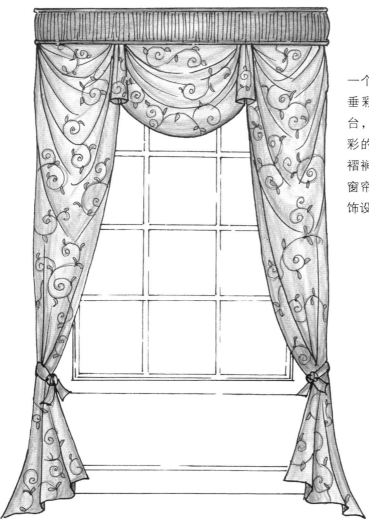

一个褶皱的檐口顶盖为一对儿垂彩式的侧帘提供了一个平台，使侧帘安置在位于中间垂彩的两侧，并且配有号角状的褶裥饰带。利用相衬的带子把窗帘的底部扎起来，使这个窗饰设计形成一种细长的轮廓。

很多时候，目前可供使用且制作精细的零部件可以在窗饰中担当主角，正如这个带有铜质窗帘装饰头的铁质杆子，中间安置着团花。挂在杆子上且带有瀑布状花边的垂彩形成了大的扇贝造型，并且在里侧的折边处用两个丝质的带子扎起来，从而使自身形成了扇贝形状。

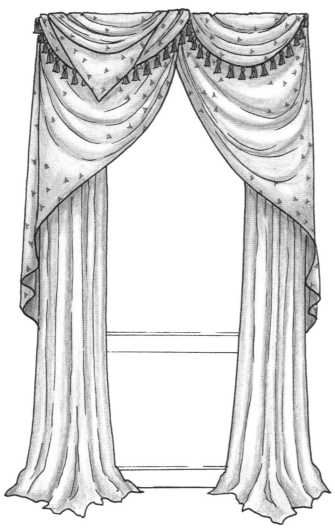

锥形的瀑布式垂彩在这条复杂的帷幔中，组成了顶层的帘子。另一对儿垂彩的边缘处镶着流苏须边，并且一条挂旗覆盖在帷幔的一侧。

这个窗饰由一对儿重叠的瀑布式垂彩组成，且垂彩在其中间处被拉了起来。两条镶着刷条须边的下垂式挂旗覆盖在垂彩上。

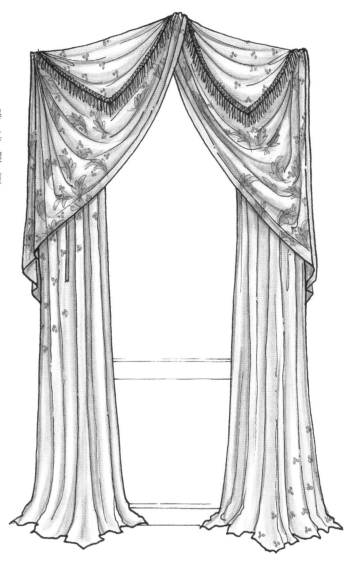

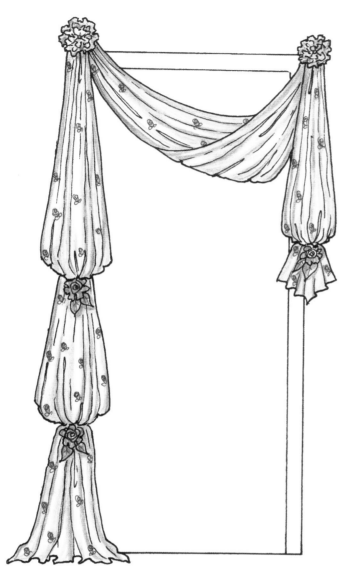

整幅的两条主教袖筒式的侧帘，顶部覆盖着一条曲折的垂彩和相衬的主教袖筒式瀑布状花边。大的蓬起物覆盖着装饰顶部的垂彩挂钩，而玫瑰形饰物装饰在两侧被拉起的位置。

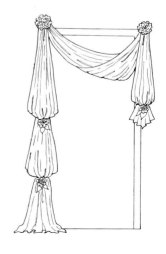

一对儿奢华的且垂落至地板上的围巾覆盖在一个令人惊叹的铁质窗帘杆上，在其中间处挂着一幅双重的瀑布状花边。位于长的滚绳上的两个流苏挂在杆子的两侧，以及瀑布状花边的尖顶处。

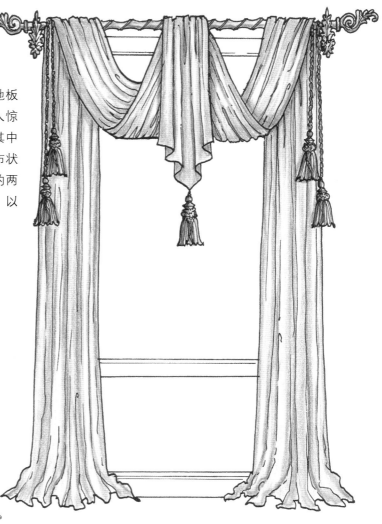

这个窗饰设计利用安置在被拉起的垂彩中、呈褶皱的尖顶上的装饰性套环挂起来，中间放置着一个大的团花。位于里侧的套杆式帘子被分别挂了起来。

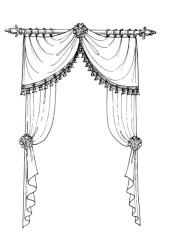

单幅的围巾式垂彩上加着衬里，覆盖在一个装饰杆上。而另一条对比的垂彩上镶着金银条须边，并覆盖在围巾式垂彩的上面。一对儿相衬的双层瀑布状花边挂在窗帘杆的后面，置于围巾式垂彩的下方。固定式的侧帘分别安置在墙面上。

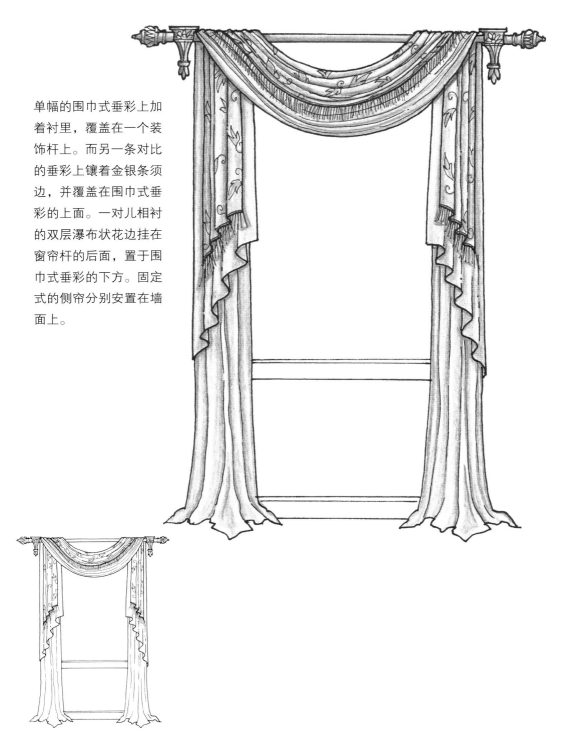

法式门与遮阳棚

法式门

法式门悬挂着，向房间的内侧敞开，从而带来的挑战是在进行窗饰设计时，既要提供私密性并调节光线，还不能妨碍到门本身的功能。

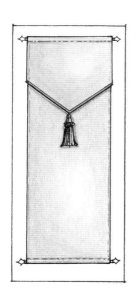

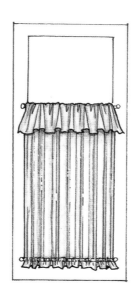

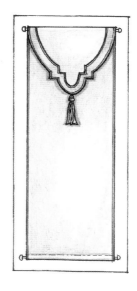

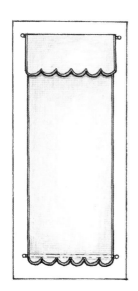

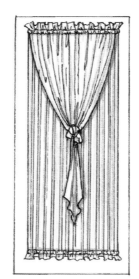

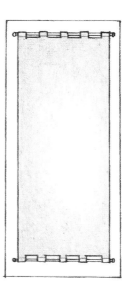

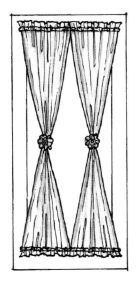
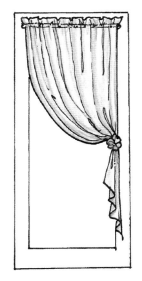
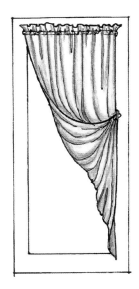

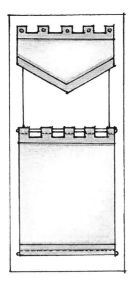
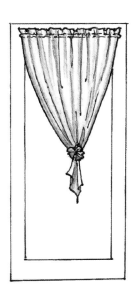
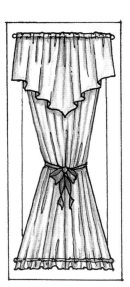

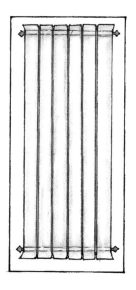
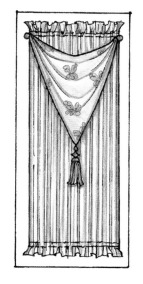
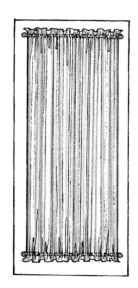
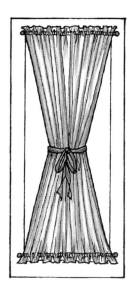
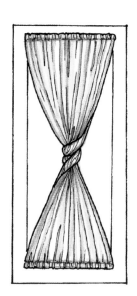
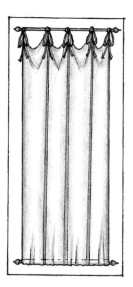

遮阳棚

遮阳棚的内部是一条帷幔，并且呈角度地偏离墙面，直至底部。

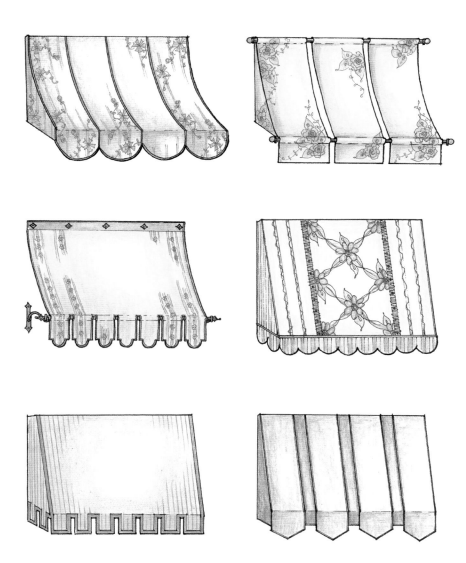

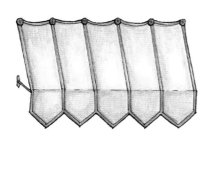

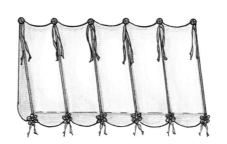

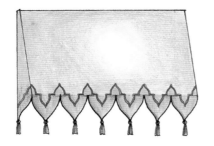

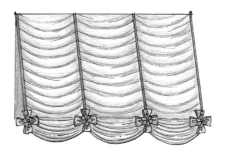

织物遮阳帘

织物遮阳帘

织物遮阳帘是一种具有多功能性的窗户遮盖物，它们既可以单独使用，也可以与任何其他遮盖装饰结合在一起使用。大量且可用的变化形式使它们几乎适用于任何设计样式。

现在，普遍使用的遮阳帘有四种类型：

奥地利式：这款遮阳帘由垂直的褶襞拉起来，并且褶襞沿着遮阳帘的全长被紧紧地聚合在一起。

气球式：在这款遮阳帘上，呈扇贝形的折边在其底部被拉起来，并且松散地聚合在一起。

罗马式：这款遮阳帘从底部被拉起来，并且呈折叠状。

滚筒式：这款遮阳帘从顶部一直到底部被卷起来。

· 必要时，始终要给织物遮阳帘内加衬里和内衬。
· 它们可以为任何窗户提供光线，保护私密性，包括小的、大小怪异的以及难以够到的窗户。
· 它们很容易组装成机械化。
· 可以把它们挂在天窗和横楣上。
· 当确定挡光的遮阳帘时，必须填充衬里上的针孔，以避免光线从中穿过。
· 当安装遮阳帘，并把它作为里侧的装饰时，要计算出顶层装饰上的翻边距离，以便调节遮阳帘上所有堆叠的深度。
· 如果在有儿童的空间内确定遮阳帘时，要考虑到与遮阳帘的滚绳有关的安全因素。如果可能的话，始终要确定连续的线圈或其他机械的安全因素。

气球形遮阳帘

中间褶皱的气球形遮阳帘

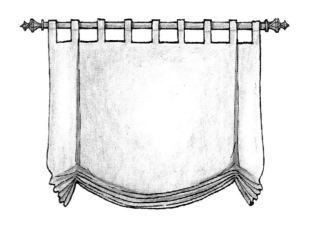

顶部带有襻扣，且褶皱的伦敦式遮阳帘

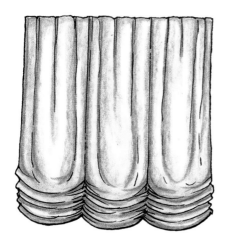

云状遮阳帘

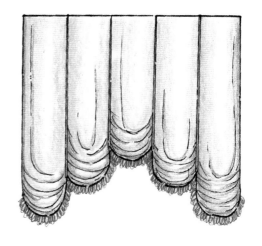

歌剧院式遮阳帘

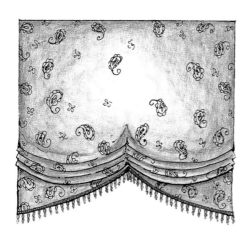

气球形遮阳帘，并且带有伦敦式的底部

伦敦式遮阳帘

简单的气球形遮阳帘

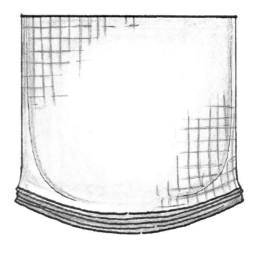

下垂的罗马式遮阳帘

聚合在一起，且呈列的伦敦式遮阳帘

云状遮阳帘

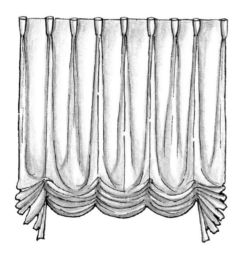

顶部呈褶皱的云状遮阳帘

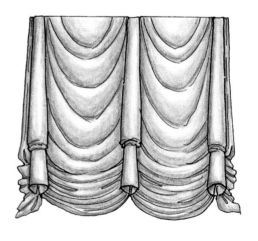

帝国式遮阳帘

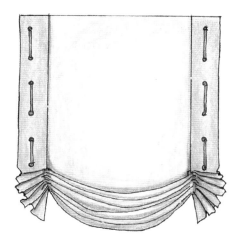

亚麻布式折叠遮阳帘

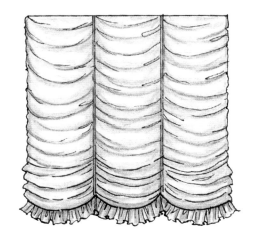

奥地利式遮阳帘

套杆的云状遮阳帘，且带有褶皱
的折边

凸起的气球形遮阳帘

伦敦式遮阳帘

褶皱的伦敦式遮阳帘

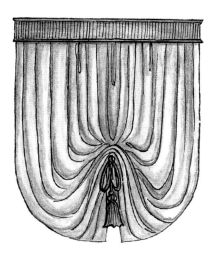

居中且被拉起的云状遮阳帘

罗马式遮阳帘

驿站马车式遮阳帘

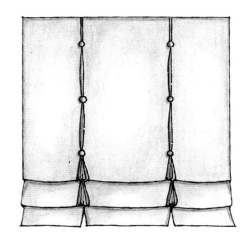

敞开且褶皱的罗马式遮阳帘且带有纽扣

驿站马车式遮阳帘

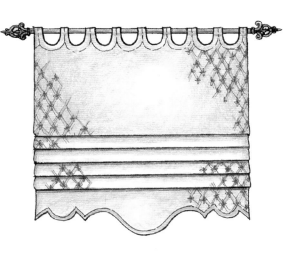

顶部带有襻扣的罗马式遮阳帘，并且细节
处带有扇贝形的折边

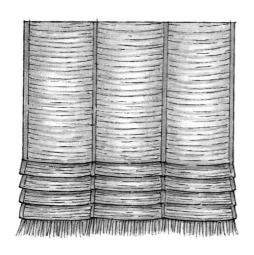

褶皱的罗马式遮阳帘

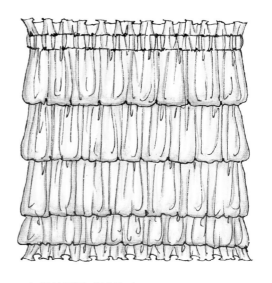

套杆的罗马式遮阳帘

聚合在一起的罗马式遮阳帘

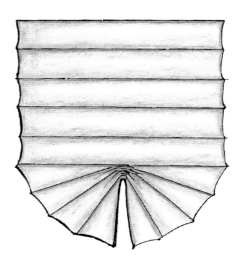

中间被拉起来且褶皱的罗马式遮阳帘

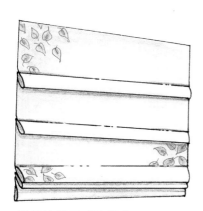

折叠的罗马式遮阳帘

罗马式遮阳帘

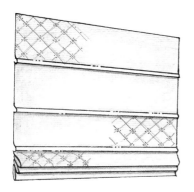

用榫钉连接的罗马式遮阳帘

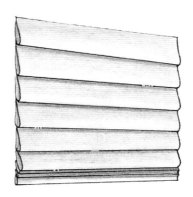

跛行式的罗马式遮阳帘

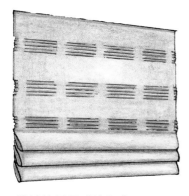

褶皱的罗马式遮阳帘

下垂的罗马式遮阳帘

装饰品

装饰品

装饰品是一种装饰性元素，用于提供必要的最后润色，完成窗饰设计。利用下面工具来展示窗饰的个性，为设计量身定制。

嵌花织物	团花
带子	大头针
珠子	丝带
滚边	玫瑰形饰物
蝴蝶结	皱边
穗带	丝绢花
纽扣	带条
枝形吊灯式的水晶饰物	带子
滚绳	饰边
刺绣	流苏
须边	窗帘钩
辫带	贴边料
蕾丝花边	

窗帘顶盖

对于任何窗帘头而言，无论是褶皱的还是利用带子、襻扣或套环挂起来的，都可以通过简单的元素进行装饰，从而达到一种定制的外观效果。对于从商店里买的漂亮且整齐的窗帘，或者是现有的窗帘，都是一个很好的选择。

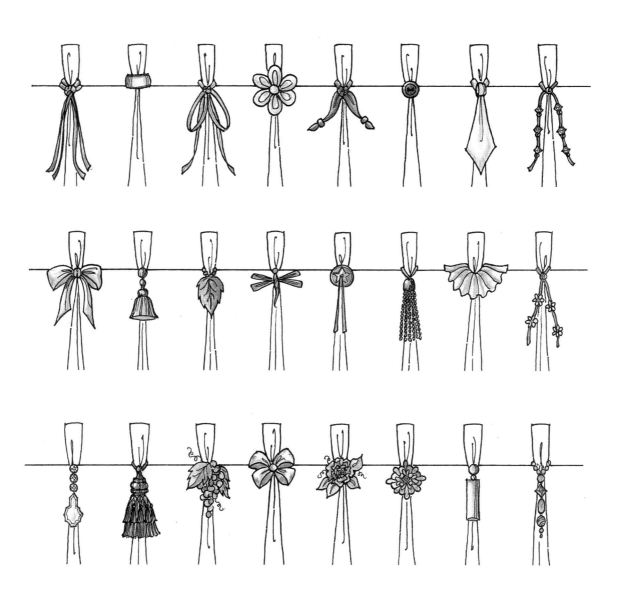

贴边料

　　贴边料是后期制作的一个重要的细节，并以此确定出窗饰设计的品质。它是一种被额外添加进去的格调，并用来区分开定制的与现成的装饰。贴边料可以用来分隔、确定或包含装饰中的部件。

滚绳贴边料：

　　一段连续而细长的布料，经过对折以后可以将一段滚绳塞进去。应该沿着布料的对角线进行剪裁，从而取得最佳的效果。然而，如果图案需要的话，可以沿着布料的条纹进行剪裁。

扁平的贴边料：

　　一段连续而细长的布料折叠成一半之后，可以被折叠、抽出褶，或聚合在一起形成一个装饰性饰边。

刀刃状贴边

双重刀刃状贴边

铅线贴边1.8mm

带皱边的贴边

滚绳4/32″~6/32″~10/32″~12/32″ ~16/32″~22/32″滚绳贴边

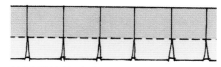

箱形褶皱的贴边

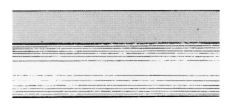

大型贴边 1′~1¹/₂″~2″

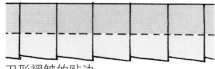

刀形褶皱的贴边

带皱边的滚绳贴边

扎在后面的侧帘

　　窗帘可以用带子系在后面，或通过许多种不同的方式聚拢在一起。每一种方法均可以产生其自身独特的外观。

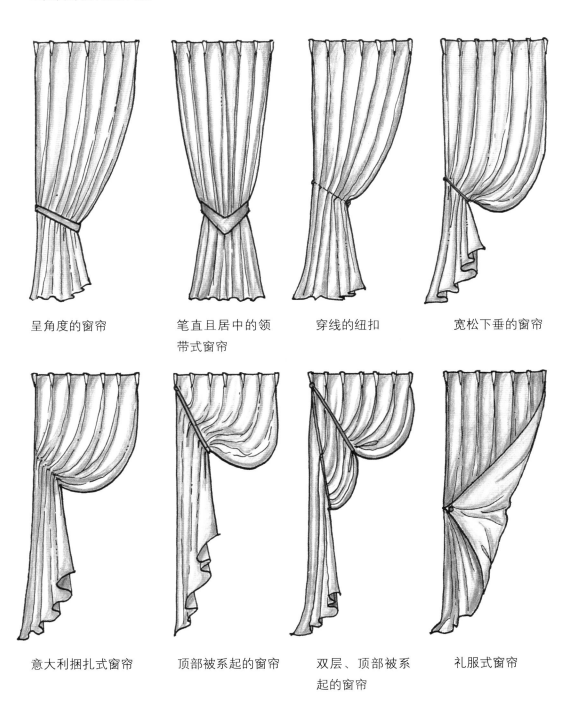

呈角度的窗帘

笔直且居中的领带式窗帘

穿线的纽扣

宽松下垂的窗帘

意大利捆扎式窗帘

顶部被系起的窗帘

双层、顶部被系起的窗帘

礼服式窗帘

对于扎在后面的窗帘来说，如果需要留有折边，并且与地板或拖地处齐平，则需要提前计划。

- 在窗帘中，笔直的底部将会使底部的折边呈瀑布状。
- 在窗帘的顶部或底部，添加带有角度的部分将会形成笔直的折边。
- 当使用带有呈水平方向的图案或条纹的布料时，要在窗帘的顶部或底部添加带有角度的部分。
- 当测量整齐的折边时，利用铅线的重量来标记出领边所需要的长度。在窗帘的完整的高度处握着铅线，并使其依照你的设计方法垂落到地板上。测量一下铅线的全长；当计算剪裁的长度时，要为拖地处和窗帘头添加容差。若希望得到整齐的窗帘，则需要测量一下另一侧的窗帘。两种剪裁长度之间的差异将决定是否需要带有角度。

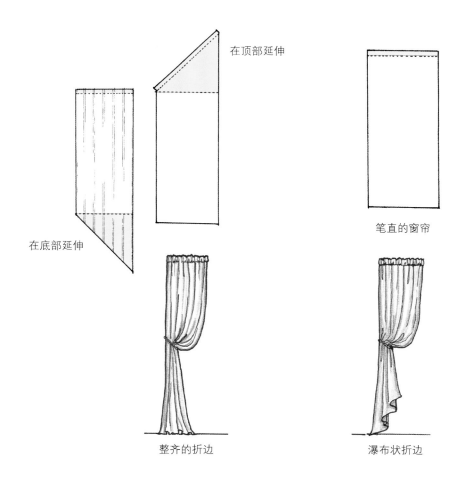

在顶部延伸

在底部延伸

笔直的窗帘

整齐的折边

瀑布状折边

窗帘钩

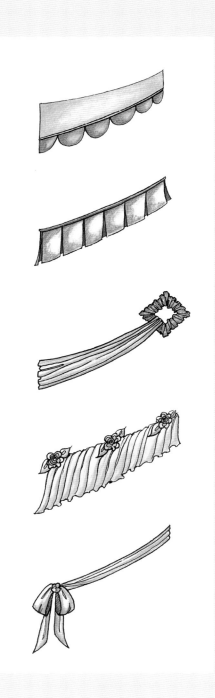
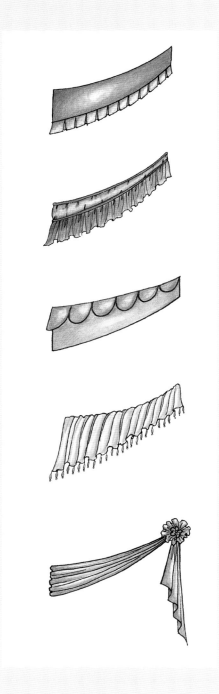

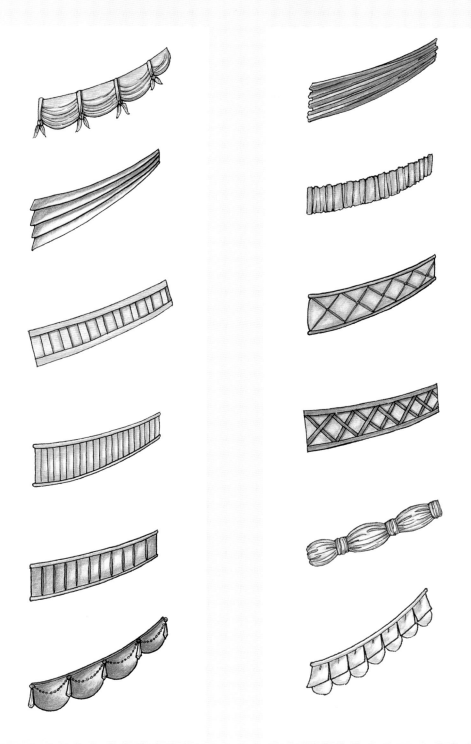

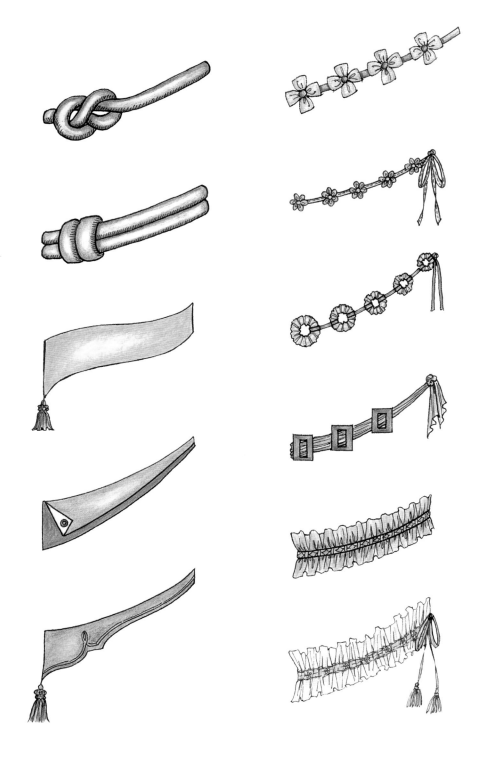

镶边料、滚边与饰边

当布置镶边料、滚边与饰边时，应具有创新性。每一种变化形式都能营造出一种全新的外观。

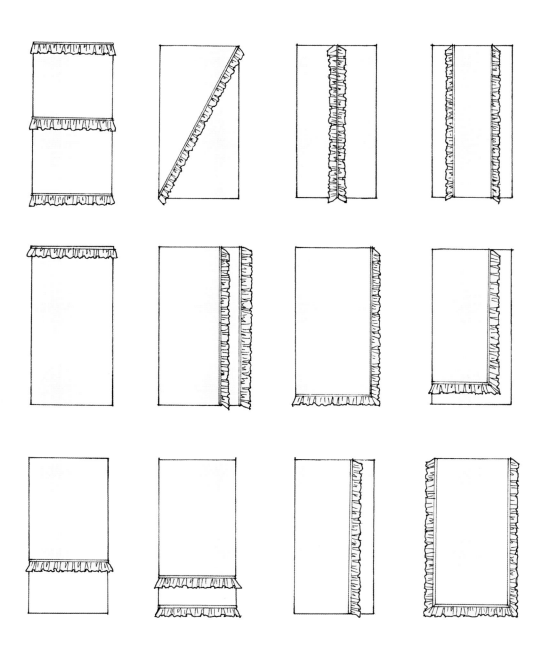

滚边

　　滚边是一种起装饰作用的点缀物，可应用在窗饰的折边或边缘处。发挥想象力，利用滚边作为一种设计方法，来设计独一无二的窗饰。

　　下面的一些组合可供参考：

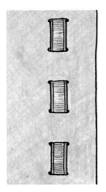

罗缎式丝带穿过纽扣孔

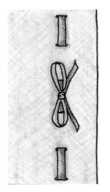

穿入的可替换的丝带与蝴蝶结

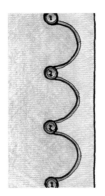

倒转的扇贝形状上覆盖着纽扣

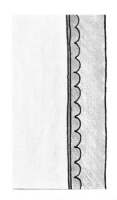

对比的镶边与呈扇贝形状的覆盖物，以及贴边料

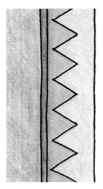

对比的镶边与呈之字形的覆盖物，以及扁平的贴边

花卉的嵌花织物，在其中间带有圆形的纽扣

对比的镶边料与嵌入边缘处的滚绳

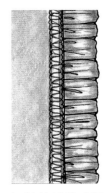

褶皱的袖筒式褶边，与装饰性的辫带

缝好边的边缘与
地毯式缝合

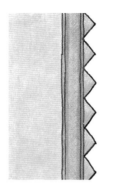

之字形边缘与对比
的镶边，以及双重
贴边料

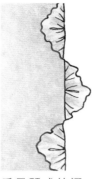

手风琴式的褶
皱，且呈扇贝
形状的褶边

扁平的带条或带
有丝质玫瑰形饰
物的辫带

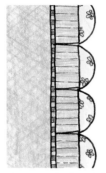

扇贝形边缘与倒转
的箱形褶皱的褶边，
以及镶边料

笔直的边缘与之字
形的镶边料，以及
可替换的之字形的
窗帘边缘

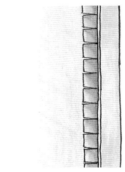

背面朝向前，且倒
转的箱形褶皱的褶
边，以及贴边料和
对比的镶边料

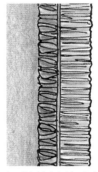

褶皱的袖筒式皱
边与贴边料，以
及丝质的环形须边

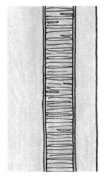

平行绗缝式的镶
边料与对比的贴
边料

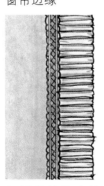

褶皱的袖筒式皱
边与装饰性的穗带

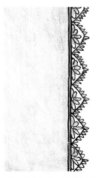

扁平的蕾丝花边
与镶边料

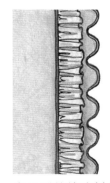

扇贝形的镶边料与
加延条的边缘，对
比的皱边以及贴边料

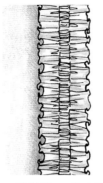

双重皱边，其中间处被抽成褶

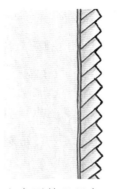

之字形的且呈角度的刀形褶皱的边缘与贴边

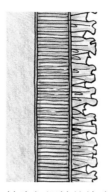

皱边与褶皱的镶边料，以及对比的贴边

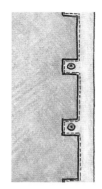

富有造型感且带有明线的镶边料，并配有对比的纽扣

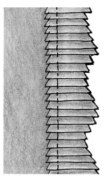

扇贝形的且呈刀状褶皱的褶边

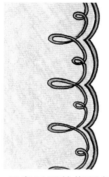

呈扇贝形的楔形与贴边料，以及穗带设计

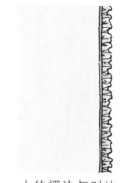

小的褶边与对比的贴边

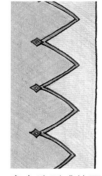

富有造型感的覆盖物，其对比的边缘处镶着延条和嵌花织物

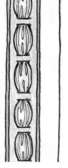

在纽扣孔中嵌入对比的镶边、贴边料，以及围巾

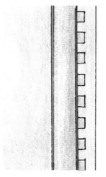

扇贝形状的镶边料与加延条的边缘，以及一处褶边和贴边料

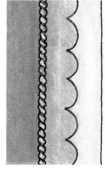

对比的镶边料与扇贝形状的覆盖物，以及嵌入其中的滚绳

挂毯式的丝带与倒转且呈箱形褶皱的褶边

玫瑰形饰物、蝴蝶结与领结

玫瑰形饰物、蝴蝶结与领结用来增添视觉效果，产生韵律感，或者作为窗饰设计的设计焦点。

绳结

扭曲的绳结

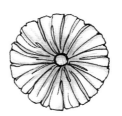

平行绗缝式厚垫

平行绗缝式玫瑰形饰物

褶皱的玫瑰形饰物

褶皱的双重玫瑰形饰物

甘蓝饰物

双重甘蓝饰物

褶皱的螺旋形

折叠的螺旋形状与甘蓝饰物

花瓣状的玫瑰形饰物

水仙花式的玫瑰形饰物

手风琴式的扇形

孔雀式

成束的扇形

马耳他式十字形物

装有填垫料的马耳他式十字形物

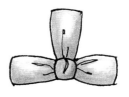

三叶草式

尖的花瓣式十字形饰物

尖的花瓣式玫瑰形饰物

尖顶的三叶草式

火焰式的三叶草形

尖顶的十字形饰物

手风琴式蝴蝶结

马耳他式十字形物与
玫瑰形饰物

双重的马耳他式十字形饰物

由多条丝带扎成的蝴蝶结

带有褶边的正方形

带有褶边的圆环

内带金属丝的丝带蝴蝶结

打上结的领结

薄的丝带蝴蝶结

整齐的丝带蝴蝶结

悬挂着的丝带蝴蝶结

蝴蝶结

三重的花瓣式蝴蝶结

蝴蝶结与玫瑰形饰物

平行绉缝式蝴蝶结

被握紧的蝴蝶结

双重花瓣式蝴蝶结

尖顶蝴蝶结

对夹式领结

二倍角式领结

一处成尖顶的领结

金银线镶边

金银线镶边是一个具有历史意义的法语词，表示用于布置窗户装饰和家居的许多种类，例如装饰性饰边、流苏和装饰品。

在过去的几年中，家居装饰品行业得到了复苏与振兴，这使得可供选择的样式及产品范围无限。主要的类别有：

珠子状的须边	辫带
珠子状的带条	装饰绒球
穗带	丝带
金银条	绳子
旋涡装饰	玫瑰形饰物
滚绳	带条
须边	流苏
丝质头带	窗帘钩

· 在饰边上可以配有黏合剂，热黏合的带条，可以通过机器或手工完成。

· 应该注意到多数饰边非常精细，并且容易褪色以及腐蚀。因此要相应地调整设计方案。

· 多数饰边不可以水洗，并且许多样式不能干洗。如果在装饰中使用此类饰边，且必须要水洗或干洗的话，则要采用一种特殊方式来制作饰边，以便使其容易被拆下并清洗，例如用手固定。

· 饰边可以为应用到的布料区域增加额外的硬度。考虑一下你所选择的饰边的大小、重量和体积，并试着决定它在窗饰设计中将会产生怎样的效果。

· 当拿走纸管时，饰边经常会收缩。始终要预订额外的长度，从而避免此种情况发生。

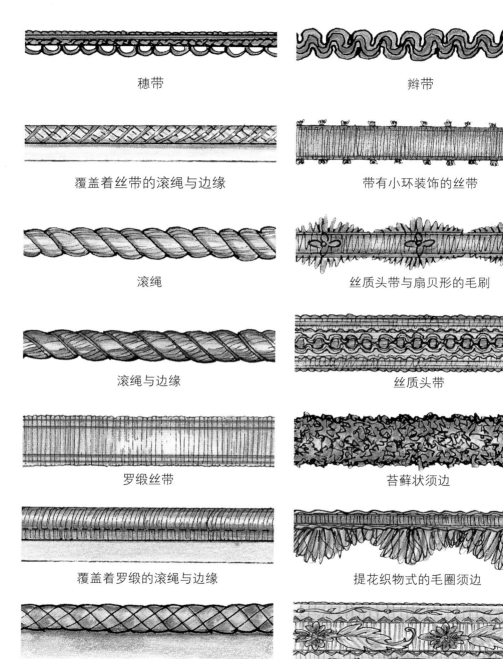

穗带	辫带
覆盖着丝带的滚绳与边缘	带有小环装饰的丝带
滚绳	丝质头带与扇贝形的毛刷
滚绳与边缘	丝质头带
罗缎丝带	苔藓状须边
覆盖着罗缎的滚绳与边缘	提花织物式的毛圈须边
覆盖着丝带的滚绳与边缘	提花织物式丝带

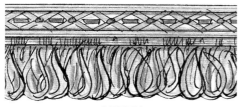

毛刷须边

洋葱头状须边

球形须边

小的流苏须边

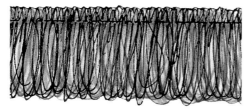

毛圈须边

毛刷状的流苏须边

珠子状的辫带

短的珠子状须边

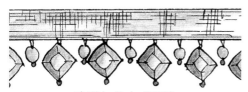

球形与花卉式须边

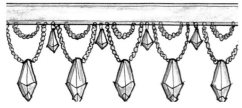

流苏须边

长的珠子状须边

垂挂着的流苏须边

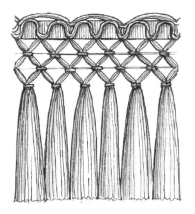

递进式流苏须边

皮革制的且打上结的须边

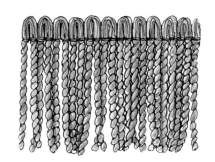

毛刷与流苏须边

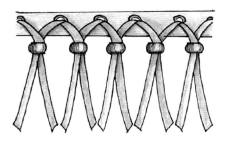

打上结的流苏须边

钟形须边

金银饰条

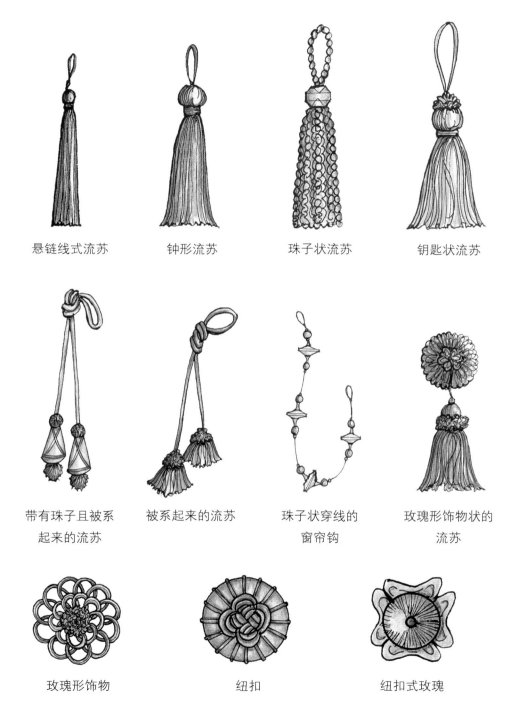

悬链线式流苏	钟形流苏	珠子状流苏	钥匙状流苏
带有珠子且被系 起来的流苏	被系起来的流苏	珠子状穿线的 窗帘钩	玫瑰形饰物状的 流苏
玫瑰形饰物	纽扣	纽扣式玫瑰	

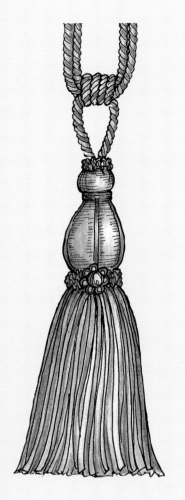

单个流苏式窗帘钩

大的钥匙状流苏

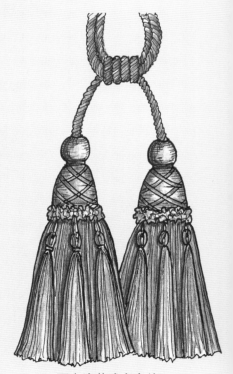

两个流苏式窗帘钩

定制的领结与流苏

丝绢花的花束上，带有刷上漆的木制珠子式窗帘头，以及丝带环结

布料环绕着流苏，并镶着流苏须边。位于顶部且成圈的须边上配有丝质挂钩

一束丝质的葡萄上配有天鹅绒质的叶子，并且在其顶部配有成圈的须边

沿着对角线盘旋上升的瀑布式流苏，其边缘镶着蕾丝饰边，并且在顶端配有玻璃珠和丝质的环结

沿着对角线盘旋上升的瀑布式流苏，其边缘镶着金银条饰边与丝质的环结

丝绢花的花束上装点着丝带

在一个小的刺绣环上，缠绕着丝带，并配有一个长的蝴蝶结

在成圈的丝带上，聚束着裹着布料的木制珠子和丝质的环结

幽灵式的流苏，由环绕着布料并被握紧的木制珠子制成，并利用丝带被系紧

吹制的玻璃珠穿过
一条丝质的领结

窗帘套环和珠子利用扁平的
皮制滚绳穿起来

窗帘套环上面缠绕着成
圈的丝带，并利用珠子
固定住

窗帘套环上覆盖着装饰
性的滚绳，滚绳上配有
一对儿相衬的领结

窗帘套环上挂着一条领带
式的尾饰，并且在尾饰的
尖顶处配有枝形吊灯状的
水晶饰物

平行绉缝式的滚绳，在其末
端配有一个钥匙状的流苏

小的套杆式瀑布状花边
被一个制作精细的皮带
扣握紧

两个简单且带有丝绢花的天鹅
绒质叶子被系在丝带上

手工串起来的玻璃珠子与滚绳
带子